U0342506

供水管道非开挖
修复技术与典型案例

舒诗湖　耿　冰　沈玉琼　王　圣　刘辛悦　编著

北　京

冶 金 工 业 出 版 社

2021

内 容 提 要

本书详细介绍了供水管道的非开挖修复技术与典型案例。本书共有 13 章，内容包括：管道更新方法、运行与维护、管道清洗方式、水泥砂浆内衬技术、喷涂聚合物内衬技术、原位固化修复工艺、穿插法、内部接头密封、碎管法、修复服务质量、阴极保护改造、管理步骤、国内非开挖管道修复技术的应用等。

本书可供供水企业、设计施工单位的工作人员以及相关科研院所科研人员阅读参考。

图书在版编目(CIP)数据

供水管道非开挖修复技术与典型案例／舒诗湖等编著．—北京：冶金工业出版社，2021.1
ISBN 978-7-5024-8738-6

Ⅰ.①供… Ⅱ.①舒… Ⅲ.①市政工程—城市供水—给水管道—管道维修 Ⅳ.①TU 991.36

中国版本图书馆 CIP 数据核字(2021)第 030036 号

出 版 人 苏长永
地　　址 北京市东城区嵩祝院北巷 39 号　邮编 100009　电话 (010)64027926
网　　址 www.cnmip.com.cn　电子信箱 yjcbs@cnmip.com.cn
责任编辑 杨盈园 王艺婧　美术编辑 彭子赫　版式设计 禹 蕊
责任校对 葛新霞　责任印制 李玉山
ISBN 978-7-5024-8738-6
冶金工业出版社出版发行；各地新华书店经销；三河市双峰印刷装订有限公司印刷
2021 年 1 月第 1 版，2021 年 1 月第 1 次印刷
169mm×239mm；8.75 印张；170 千字；130 页
64.00 元
冶金工业出版社　投稿电话 (010)64027932　投稿信箱 tougao@cnmip.com.cn
冶金工业出版社营销中心　电话 (010)64044283　传真 (010)64027893
冶金工业出版社天猫旗舰店　yjgycbs.tmall.com
(本书如有印装质量问题，本社营销中心负责退换)

前　言

　　传统开挖式管道更换易对居民生活产生干扰，对交通、环境、周边建筑物基础造成破坏和不良影响。管道非开挖技术源于20世纪70年代，并于90年代传入我国。非开挖技术对交通、绿地、植被影响较小，具有较高的社会效益，被广泛应用于给水、排水、电力、通信、燃气等领域的新管建设和旧管道修复。管道更新改造不等于旧管换新管，还包括在原有管道基础上开展修复更新，延长管道使用寿命，提升管道服务质量。因此，管道非开挖修复技术近年来得到更多的关注。

　　新技术、新工艺的推广应用，需要技术标准的约束。中华人民共和国住房和城乡建设部行业标准《城镇燃气管道非开挖修复更新工程技术规程》（CJJ/T 147—2010）自2011年1月1日起实施。《城镇排水管道非开挖修复更新工程技术规程》（CJJ/T 210—2014）自2014年6月1日起实施。《城镇给水管道非开挖修复更新工程技术规程》（CJJ/T 244—2016）自2016年9月1日起实施，本书作者舒诗湖参与了该标准的编制工作。这些行业标准的宣传贯彻，使得越来越多的管道非开挖修复技术得到推广应用，工程案例日益丰富，相应地，给水管道非开挖修复技术也逐步走向成熟。

　　本书在编写过程中部分章节借鉴了美国AWWA的M28 Rehabilitation of Water Mains 3rd Edition，在此感谢AWWA和原著的作者。同时本书借鉴了国外给水管道非开挖修复相关技术资料，并补充了我国在给水管道非开挖修复方面最新工程案例，包括"十二五"国家科技重大专项——水专项课题的示范工程，可以为工程设计、建设施工单位和大专院校的相关人员提供技术参考。

　　本书在编写过程中，得到了上海城市水资源开发利用国家工程中心有限公司和上海城投水务（集团）有限公司以及相关单位的大力支持，同时得到了"十三五"国家水专项课题（2017ZX07207004）的资助。此外，参与本书编写及校核工作的还有王杨、李海霞、赵欣、吴霖璟、袁振斌、汪瑞清、吴潇勇、葛延超、曾军、顾佳宏、陈卫星、朱凤祥、赵伟、胡冰、朱斌、朱文滨、顾炜荣、俞磊、章旻、章殊烜、肖康、王隽，特此表示感谢。最后希望本书的出版能为我国城镇给水管道非开挖修复技术的推广应用起到促进作用。

　　由于作者水平有限，本书若有不妥之处，敬请读者批评指正。

作　者

2021.1

目　录

1 管道更新改造

管道更新方法通常分为修复和开挖改造，也包括其他非开挖方法。非开挖技术是一种地下建筑工程技术，几乎不需要表面开挖和连续沟槽。本章将为管道更新方法的选择提供指导和借鉴。

管道修复主要包括以下原因：

（1）改善水质：改善用户端水质；

（2）性能提升：提升管道通水能力；

（3）结构优化：减少漏损，降低维修频率和资产损失风险，提高可靠性。

与传统的管道开挖改造相比，管道修复方法成本更低，对环境影响更小，但并非所有场景都适合采用管道修复。

如后续章节所述，目前存在许多不同的管道修复技术，都有各自的优势。选择何种方法取决于以下几个因素：

（1）修复原因；

（2）成本比较；

（3）场地条件；

（4）生命周期性能预期。

本章提供了管道更新决策的指导建议，包括一系列决策树分析方法。

1.1 管网水质提升

管道修复主要是为了缓解输配过程中水质恶化情况，提升用户端水质，通常管道修复更新会有显著改善效果，尤其是针对无内衬铸铁管道。

大多数情况下，采用不同管道修复方法所取得的水质改善效果差别不大，但管道材质必须符合国家标准和行业标准要求。例如，对于水泥砂浆内衬管道，当水的硬度很小时，可能会出现 pH 值增加等情况。

不同给水系统之间甚至同一给水系统内的水质也存在显著差异，主要是由于出厂水在输配过程中与给水管道内壁接触导致了不同程度的水质恶化。供水过程中，水体中化学成分发生变化引起的水质问题，最终会影响用户端水质，主要体现在用户水的浊度、色度和臭味等感官体验上。当管道中存在结垢、沉积物时，尽管物理、化学、生物等水质指标符合水质要求，但对于结垢严重的管道，沉积物被搅动或者微生物繁殖可能造成用户嗅觉上较差的体验。除此之外，管道中饮用水停滞和氯消耗问题还会增加大肠菌群再生的风险。所以水质问题大致可以分为 3 类：沉积，结垢和生物膜形成。

1.1.1　沉积

沉积是指管道内饮用水在流速较低时析出固体的过程，供水管道或输送未经过滤或净化不完全的水的管道内发生内部腐蚀，导致砂石、淤泥或有机物质沉积，造成管道供水断面减小，通水能力降低，是用户水质投诉的潜在原因之一。例如，在未经过滤的井水管道中，会出现铁或锰氧化产生的沉积物。在极端情况下，特别是在管道中的低点处，沉积也会导致管道摩阻增加等水力问题。

在内壁光滑的管道中，沉积物通常以中等流速在系统中移动并且不会积聚。然而，对于严重结垢的管道内壁，由于水垢表面凹凸不平，沉积物附着在水垢的凹陷处逐渐积累。当流速增加（例如打开消防栓）或流向反转时，沉积物被搅动，大量的悬浮沉积物被输送至用户龙头，结果可能导致水出现严重的色度和浊度问题。

1.1.2　结垢

结垢是指水垢在管道内壁上形成管瘤。这些管瘤通常是管道腐蚀的产物，其中铁与水中的钙和其他矿物质结合，在水垢中铁细菌辅助作用下形成生长环。结垢主要发生在铸铁管中，但在无内衬钢管、铜管、混凝土和石棉水泥管中也较常见。

例如在 20 世纪 60 年代之前，敷设的许多无内衬铁管经常发生内部腐蚀并形成管瘤，在较低的流速下形成沉积物，提高了余氯衰减速率。

如前所述，当这些沉积物被搅动时会发生水的色度和浊度问题。但是如果管道内的腐蚀程度特别高，也会发生色度问题。如果仅去除水垢但没有安装内衬，则后续铁或钢管的暴露会导致腐蚀加剧，引起用户关于色度问题的更多投诉。这种腐蚀程度可以通过水化学（腐蚀抑制剂）方法在一定程度上得到控制，但通常不建议清洗无内衬管道。

1.1.3　生物膜

生物膜可以存在于任何材质的管道中，在结垢严重的铸铁管中最为常见。当余氯不足时，铁细菌会在管道中沉积物凹陷处大量繁殖，随着管道腐蚀越严重，内壁粗糙度越大，余氯衰减越快，就越难抑制微生物增长，此外管网水中的铁为铁细菌提供能量来源，从而为微生物繁殖提供场所，加剧了生物膜的形成。

生物膜也容易在原水系统或富含铁、锰以及其他营养物的供水系统中形成。

这种生物膜主要以粘泥的形式存在，柔软且呈丝状。即使管道内没有沉积物，这些生物膜也会严重影响水的浊度并产生臭味问题。

1.2 水力性能提升

粗糙度的增加以及在配水管道内水垢或生物膜的积聚会大大降低管道系统的水力性能。这将显著影响提供足够消防供水的能力，并且还会影响用户的用水压力和流量。

水力工程师能够根据经验导出的 Hazen-Williams 公式计算管道中的水头损失和流量，该公式将流量与管道的物理特性以及由于摩阻产生的压力变化联系起来。然而，Hazen-Williams 方程并不适用于任何条件下的所有流体，它仅适用于环境温度为 $4.4 \sim 23.8℃$（$40 \sim 75℉$）湍流（雷诺数高于 10^5）的条件。对于超出这些参数的液体，Darcy-Weisbach 公式对于稳态流动下的沿程水头损失计算更为可靠。在更复杂的情况下，基于 Hardy Cross 的计算机模型则更准确。

C 是管道粗糙度。以 C 表示，该公式可以用几种公式表述，其中一种表达公式为：

$$C = 2466QD^{-2.63}H^{-0.54}L^{0.54}$$

式中 C——Hazen-Williams 粗糙系数；

Q——压力管道中的流量，m^3/d；

D——管道的公称直径，mm；

H——水头损失，m；

L——管道长度，m。

Hazen-Williams 粗糙系数 C 以及管道中的流量取决于管道的类型及其内部条件（见表 1-1）。对于给定流速，增加内表面粗糙度（层流变为湍流）将导致水头损失增大。通过测量沿管道两点之间的流量和压力变化，可以计算 C 值并确定管道粗糙程度。这些数据有助于决定采用哪种工艺来恢复水力性能。在采用清洗或修复管道过程后收集 Hazen-Williams C 值的数据也是衡量系统改进效果的有效方法。

表 1-1   Hazen-Williams 粗糙系数

管 道 状 态	C 值
新管道	130 ~ 140
一般到正常（内壁清洗后）	100
中等 - 输水能力显著下降	70
严重 - 过水断面显著减少	30 ~ 50

　　管道修复有利于提升水力性能，特别是在铸铁管发生结垢情况下，不仅可以使管道表面更光滑，而且可以显著增加有效的管道过水断面。

　　在管道修复的过程中，各种工艺使用的修复材料不同，使得修复后管道的内径不同，从而实现了不同程度的水力性能改进。表 1-2 比较了各种修复方法对管道水力性能的改进。通过一些管道清洗方法也可以实现相应的水力性能改进。

表 1-2　水力性能改进措施的比较

水力性能改进的预期效果	修　复　方　法
较小水力性能改进	穿插内衬
适度水力性能改进	水泥砂浆内衬
	环氧树脂和其他聚合物内衬
	改良内衬（紧密贴合）
	原位固化内衬
较大的水力性能改进	碎管法
最大化的水力性能改进	开挖更新改造

1.3　管道结构优化

　　由于多种原因，管道的结构性能随着时间不断恶化。铸铁、球墨铸铁和钢管在受到内部和外部腐蚀的情况下，导致点蚀和管壁变薄，造成渗漏，最终可能导致爆管。水泥基管如石棉水泥和混凝土管也可能由于水泥基质或钢筋的腐蚀使得管材恶化。此外，所有类型的管道（包括塑料管）都可能在管道接口处发生故障，从而导致漏损，最终导致管道垫床冲刷和结构失效。

　　这种结构和漏损故障可能造成的直接后果包括高维修成本、水质问题、服务中断和水量损失问题；间接后果包括爆管造成的经济损失以及供水服务中各类公共关系的负面影响。

　　本书讨论的各类技术所提供的结构改进差异很大。结构性修复已被证明可以提供使用传统开挖安装的新管道相同的结构完整性。水泥砂浆内衬和环氧树脂内衬通常被认为是非结构性修复。在选择管道修复方法时，关键因素之一是修复方法的适用性。非结构性修复适用于恶化情况较轻的管道，对于外部腐蚀严重损伤管道，且推测该腐蚀会继续存在的情况下，这种方法并不适用。

1.4　管道状态评估

　　在采用非结构或半结构性修复之前，需要对管道结构状况进行评估。评估方法根据成本和难易程度而有所不同，待修复管道所包含的实际价值越高，供水企业投入的修复成本上限应该越高。

以下方法已成功用于指导有关管道修复工艺选择的决策：

（1）漏损情况。如果维修记录表明即使使用了几十年的管道也几乎没有因腐蚀引起的故障，那么通常认为外部腐蚀活动是最小的，说明非结构内衬法的抗腐蚀性能显著。

（2）抽样评估。在英国，管道样品通常经采集后先进行喷砂处理以去除因锈蚀暴露出的腐蚀坑，然后使用检查凹坑深度和尺寸的方法来估算管道的剩余寿命。例如，如果估计的剩余寿命少于 20 年，则英国的供水企业就会更换管道；如果预期寿命为 30 年或更长，就会使用非结构性内衬法，而半结构性内衬法用于预期寿命在 20～30 年之间的管道。

（3）现场检测。对于需要更多投资的管道，应考虑非破坏性评估方法。根据管道的类型，可以使用远程现场技术或远场涡流检测技术来查找整个管道中的弱点区域；其他技术已用于特别关注地点的现场评估；各种类型的声学检测方法用于定位漏点或检测初期故障。

1.5 优先级别评判

受预算限制，确定修复的优先顺序尤为重要。应最先考虑需要进行结构性修复的高危管道。在评估风险时，需要关注两个因素：概率和影响程度，通常用以下公式表达：

$$风险 = 概率 \times 影响程度 \tag{1-1}$$

式（1-1）通常需要更多的数据（和更好的数据）才能计算。因此，往往采用定性描述的方法衡量风险（见表 1-3）。

另外，通过管龄、土壤条件、压力、管道特性等数据，还可以采用回归分析方法设定优先级，但是，由于管道系统具有差异性，并不存在通用的回归模型。

表 1-3 优先级确定

影响程度 概率	低	中	高
高	主动评估	计划更新	及时修复
中	修复失败可能性监测	主动评估	计划更新
低	修复失败可能性，可暂不处理	监测	主动评估

1.6　成本收益分析

管道更新的成本受多因素影响。例如规模、管径、更新方法、交通条件、支管数量、阀门或配件数量、路面铺设要求等。另外，成本也受到当地承包商的设备和工程经验的影响。通常，非结构性喷涂修复（Ⅰ类）比结构性修复（Ⅳ类）更经济。

如果采取并应用适当的非开挖管道修复技术，修复后的管道的预期寿命目标应与新管道的预期目标相似，为 50 ~ 100 年。

修复后的管道成本通常为传统开沟施工成本的 25% ~ 100%。然而，即使不能显著地节约施工成本，考虑到对社会的影响，修复仍然可能是首选。

1.7　修复方法选取

本书提供了多种针对管道内部腐蚀和沉积物的解决方案，从简单的定期清洗到管道非开挖修复，这些解决方案都是在现有管道基础上进行的。而沿途敷设新管，例如开沟铺设、定向钻进等方法则不在本书的范围内。

最优方案需在技术、经济比选后确定。选择的关键要素有：

（1）存在问题的本质；

（2）修复后的管道水力性能和工作压力要求；

（3）管材、管径和管道形状；

（4）阀门、配件和接口的类型及位置；

（5）管龄和使用寿命；

（6）地理因素。

在综合考虑所有因素后，选择最具成本效益、技术可行的解决方案。理想情况下，成本估算不仅应包括直接费用，还应包含公共影响等间接成本和长期运维以及管道生命周期中其他相关费用。

本书中所述管道更新技术结合清洗措施可以用较低成本解决水质、流量和压力等问题，如果在定期清理基础上结合化学方法，可长期保持良好效果或延迟问题再次发生。需要注意的是，管道清洗通常是内衬技术的准备步骤。

2 运行与维护

在管道修复过程中，必须考虑临时供水措施。如果长时间断水，安装临时管进行临时供水尤为重要，而当停水时间较短无需安装临时管时，则需要考虑消毒措施或是否提供特殊的用水建议。

2.1 临时管

安装临时管道必须经过精心规划和良好协调，每个项目都有其特别的考虑因素。供水企业和施工单位应就客户服务问题和交通问题共同审查计划。其他考虑因素包括：（1）个别用户服务连接；（2）总体需求；（3）消防需求（例如管道尺寸）。需要注意的是，临时管道是连接到消防栓或封闭区域外的其他临时连接。

临时管道的安装可能是耗时且耗力的。然而，临时管道的使用可保证在较长时间的供水中断情况下，仍可保持对客户可接受的供水服务。根据停水范围的用户水量确定临时管道的尺寸参数。另外还需要考虑根据当地管辖范围供应消防用水的需求。

确定管道尺寸并安装后，必须按照国家标准要求进行冲洗消毒，然后再投入使用。临时管道中使用的管道和软管应符合相关标准的规定，保证在饮用水系统连接中始终保持正压力。应尽量减少泄漏，节省资金并保证客户的满意度。

2.1.1 住宅区

住宅区临时管管径通常为 50～100mm，管道上连接不同口径的软管至用户住宅。通过住宅外围的临时软管或通过地下室窗户进入室内连接到用户，临时管道通常沿路缘或排水沟安装。冷混沥青、石粉或其他合适的材料可用于覆盖和保护交通区域的临时管道。临时管道安装的具体位置取决于项目的具体情况，根据现场条件设置警示标志。

2.1.2 商业区

在商业或商务区域，临时管线的直径通常为 100mm 甚至更大。一般需要采取额外的预防措施，以避免发生车辆平行停车时损坏临时管线或停车转弯时车辆轮胎损坏临时管等问题。损坏通常发生在水龙头、接头或阀门处，建筑物通过与住宅区相似的软管进行连接，但可能需要更大的软管。根据当地的街道和交通问题，临时管道可以通过以下方式穿过车道和街道交叉口：（1）在人行道路面浅埋临时管道；（2）在街道表面铺设沥青或其他合适的材料；（3）在街道下铺设管道；（4）管道穿过现有涵洞等。

2.1.3 恢复供水

在管道恢复通水前，必须按照国家标准要求对管道进行冲洗和消毒。冲洗消毒合格后，方可恢复供水。

2.1.4 存在问题

裸露的临时管在夏季高温天气下可能会出现温度过高问题。在这种情况下，临时管线可涂覆白色或其他热反射涂料减少吸热，或在管道末端设置阀门用于定期冲洗降温。

相反，在冬季低温天气下，临时管道可能存在冻结风险。因此，建议管道修复或清洗在温度适宜的时间进行。若必须在寒潮天气下进行，则需做好保温防冻措施。

在管道紧急维修时也需要敷设临时管道，而采取临时供水措施时还涉及与各方用户群体的协调沟通，如 2.2 节所述。

2.2 社会影响

管道修复采取临时供水措施前，应制定详细的施工方案，与相关部门协商沟通，并提前告知周边用户。

管道修复会对周边环境和社会产生一定影响。供水企业和项目承包单位应与交通部门协商沟通道路交通影响和解决措施，如临时封路措施。另一方面，还应告知消防部门施工对紧急供水的影响，不再使用的消防栓应进行标识。

另外，还应通知其他公用设施部门，如污水、天然气、电力服务和电信部门等（电话，电缆和光纤电缆部门），以便在施工过程中进行协调。根据施工范围和影响还可与其他相关部门机构沟通。

所有通知应包含每周 7 天、每天 24h 全程在线的紧急电话号码。当用户无法及时报告紧急情况或讨论有关供水服务的问题时，可能会严重损害良好的客户关系。如果一个项目要求进入私人物业区域断开电表和临时线路，应明确讨论并通知工作的需要及其实施方式。与用户服务的任何方面一样，后续服务非常重要，必须有人员迅速回应所有问题。最后，应建立处理损害索赔的既定政策和程序。

3 管道清洗方式

供水管网清洗可采取以下一种或多种方式：（1）水力冲刷；（2）空气冲刷；（3）机械清洗技术；（4）水力推进装置；（5）清洗球；（6）其他方法。

管道清洗和污水排放应符合相关规定，清洗完成后应按国家标准进行消毒，合格后可恢复供水。

3.1 水力冲刷

管道水力冲刷是供水管网清洗的一种常用方式，对轻微污染的管道具有良好的清洗效果。在新敷设管道、修复管道消毒前后应进行水力冲洗；管道内附着锈蚀和沉积物或存在有害物质时应采取定期冲洗方式，水力冲刷已成为管网运行中一项关键措施。具体的管道冲洗程序指南，请参阅 AWWA 书《管道消毒和储存设施现场指南》。

然而，冲洗并不是解决管网输配水质问题唯一方法，管网设计和运行管理以及有效的防回流污染措施同样重要。虽然管道冲洗的主要目的是提升水质，但冲洗工程中还应注意管道水力特性，需要及时发现问题，例如供水量不足、阀门的异常关闭等。

3.2 空气冲刷

使用加压空气冲刷管道并非常规清洗措施，需要隔离待清洗管道，必要时采取临时供水措施。通过高压空气冲刷，可以有效去除管道内部的污染物和碎屑。

3.3 机械清洗技术

3.3.1 绳索法

绳索法清洗技术分为拖拽清管、使用绳索连接装置清洗管道两种，主要采用拖动清洗和链式刮刀清洗。

3.3.1.1 拖动清洗法

在拖曳清洗中，绞车将一系列钢刮刀和橡胶刮刀组成的机械清洗器拉过配水干管。机械清洗器通常是具有柔性的，允许有最大45°的弯曲。清洗器的两端固定在钢缆上，钢缆连接在管段两端的绞盘上。清洗器先朝一个方向缠绕，然后再朝另一个方向缠绕，往复进行直到达到满意的管道清洗效果。

该方法具有以下优点：

（1）适用于压力或流量不足以驱动装置，或者当水力清洗需要过大压力，尤其是使用小口径配水干管时；

（2）可以去除坚硬顽固的沉积物和锈蚀物；

（3）可轻松去除蓬松固体。

3.3.1.2　链式刮刀法

采用旋转链式刮刀或铰刀的水力和机械组合工具清管时，是通过管道内部链条的甩动以去除沉积物，随后喷射的水流将管道外的颗粒冲洗到处理它们的位置。这是一种更积极的清洗管道的方法，同时降低了连接管被破坏的可能性。

3.3.2　高压喷射清洗法

使用高压喷射器清洗法，通过连接到软管的特殊喷嘴以高速和高压喷射出水流，从而清除管道内部的碎屑和沉积物。使用该方法可以产生 6900 ~ 69000kPa 及以上的喷嘴压力。喷射的水流必须足够击碎水垢或沉积物来破坏和去除颗粒。一旦水垢或沉积物质被穿透，流体就会在沉积物和表面之间形成楔形物，并剥离沉积物，从而暴露出清洗的金属表面。在许多喷射操作中，脱落的颗粒夹带在喷射流中并可以有效地去除更多的颗粒。该方法的主要优点是可以去除非常坚硬的沉积物。

高压喷射清洗耗水量大，对大口径配水干管和输水灌渠具有良好的清洗效果。

3.3.3　电动刮刀法

电动刮刀法用于清洗大口径管道。该清洗方法采用电力驱动。这种动力驱动的刮刀结合旋转刷或旋转臂来进行管道清洗。该方法的主要优点是操作者能够评估清洗过程的有效性。

3.4　水力推进清洗技术

本节的这一部分描述了流体推进清洗设备，如泡沫清管器和机械金属刮刀。

3.4.1　泡沫清管器

泡沫清管器是一种灵活的子弹形清洗工具，大小从 50 ~ 1500mm 不等，由密度在（24 ~ 128kg/m³）范围内的高品质聚氨酯泡沫制成，有些涂有聚氨酯合成橡胶涂层（密度为 1121kg/m³）。通过配水系统中的水将泡沫球推向水管，通过泡沫清管器的摩擦阻力和柔性特性实现管道清洗，当它通过管道时，可以去除异物、铁垢和其他物质，使内部表面光滑，且不受管龄、管材和使用损耗限制。当水压用于推进时，一定量的临时水（约10%）有助于保持松散的碎屑悬浮在泡沫清管器的前面，便于清洗。

对腐蚀较严重的配水干管，通常需要一系列泡沫清管器和钢丝刷（称为渐进式清管器）进行清洗，直到管道恢复到其原始直径。

3.4.2 操作流程

以下步骤简要介绍了使用泡沫清管器清洗配水干管的注意事项。所述过程为理想状态，实际操作过程因具体情况而定。

（1）提前通知所有受影响的用户（商业和住宅）以及消防部门停水计划。

（2）检查要清洗的管线图纸，识别可能的进口和出口位置以及用于隔离待清洗管道的所有阀门。

（3）在清管操作之前，关闭管道前后阀门，确保隔离待清洗管道。

（4）应在清管操作之前和之后进行流量测试，以评估清洗效果。

（5）应按照当地政府要求进行碎屑和废水的收集和处理。

（6）确认要清洗的管段中的所有阀门已完全打开并正常工作，并且该管段已正确隔离。

（7）遵循水流方向，流量方向必须由阀门位置控制。

（8）可通过发射器将泡沫清管器引入管道。一些类型的消防栓一旦被拆卸，就可以用作一些150mm或更小口径管道清管的进出口点。

（9）为达到最佳清洗效果，泡沫清管器应以0.91~2.74m/s的速度通过管道。

（10）泡沫清管器的运行步骤：

1）引入一种称为"校准清管器"的线型软泡沫拭子（密度为24~32kg/m³，无涂层），以确定待清洗管道的实际有效内径。该拭子在沿着管壁输送沉积物时会被磨损。

2）引入线型裸泡沫清管器（密度为80~128kg/m³，无涂层）以去除软沉积物并帮助测量管线中的真实开口。

3）引入一种线型泡沫涂层清管器（密度为80~128kg/m³，聚氨酯涂层）。这种类型的泡沫清管器需要多次运行，直到出现一个可重复使用的状态。应使用渐进式清管方法对含有过量堆积物的水管进行清管，该方法先从较小尺寸的涂层泡沫清管器开始，连续并逐步地增加通过管道的清管器尺寸，直至出现线型泡沫清管器可重复使用状态便可停止使用。

4）在这些操作之后可以引入线性尺寸的钢丝刷泡沫清管器以最终去除硬度

较高的沉积物（例如结垢）。

5）引入线型拭子（密度为 $24 \sim 32 \text{kg/m}^3$，无涂层）以清除松散碎屑并确保清洗效果。

（11）按要求对管道进行冲洗消毒。

（12）冲洗消毒合格后恢复供水。

泡沫清管器十分灵活，可以通过闸阀和一些类型的旋塞阀进行短半径弯曲。它们可以被压缩到其横截面积的 35%，能通过异径管线和闸阀，但无法通过蝶阀。泡沫清管器可以从一个入口点清洗长段管道，从而减少路面开挖，是一种快速、简单且经济有效的方法，可将锈蚀严重的管道恢复到设计的输水能力。

3.5　金属刮刀法

金属清洗刮刀由形状类似活塞的钢框架组成。特殊回火钢刀片以不同角度固定在刮刀周围，进行刮擦和刷涂动作，并通过水压将清洗器推进管道。

金属清洗刮刀通常在连续操作中一次完成清洗，然而有时内部管道条件可能需要额外的清洗。采用水力清洗方法时，单次可清洗管道长度仅受其所具备的体积和水压以及处理水和沉积物的方法适用性的限制。必须在待清洗部分的每一端设置一个开口，以便清洗工具的进入和离开。水力清洗管道所需的水量在很大程度上取决于水的脏污程度以及管道内积聚的结垢量。

当清洗器向前移动时，必须在清洗器后面添加足够的水以填充管道。通过清洗器的水冲刷管道壁并推动管道上刮下的脏物前进。虽然清洗器前的水流速度与清洗器速度无关，但必须保证足以去除沉积物。经验表明，清洗器前面的流速要在 $0.6 \sim 3.0 \text{m/s}$ 之间方可去除沉积物。在小口径管道中，若要移动较大量的材料，必须配备相对较高的水流速度。清洗水和沉积物从管道排出时，须避免妨害居民生活或其他环境问题等问题，并符合监管机构的要求。

3.5.1　运行过程

机械刮刀清洗运行过程如下：

（1）检查要清洗管线的图纸。确定清洗工具的入口点和出口点。需要注意所有阀门、用户连接和其他必须打开或关闭的组件，以隔离待清洗管道。对管道进行流量、压力测试以确定 Hazen-Williams C 值（如果之前未完成）。

（2）在每个入口和出口处安装阀门，取样确定管道沉积物平均厚度。

（3）确定清洗水的来源（例如水库、总干管、平行管线等）。系统内的流量和压力通常足以清洗管径大于 300mm 的配水干管；对管径小于或等于 300mm 的管道可能需要辅助泵来提供足够的流量和压力。

（4）提供适当的处理水和去除固体的方法，以符合法规要求。

（5）提前通知所有受影响的商业和住宅用户以及消防部门停水计划。

（6）完全隔离待清洗管段。缓慢关闭阀门以防止水锤。

（7）排空要清洗的管路。

（8）打开入口点和出口点并移除阀芯。在入口处，安装一个带有清洗装置的部件。在出口处，设置排放水的收集和处理装置。通过带调节阀的分水器控制清洗装置的行进速率。

（9）通过临时阀、排污阀控制所需流量和速度。

（10）完成清洗操作。

（11）在出口阀芯处回收清洗装置。

（12）根据需要重复其他清洗过程。

（13）恢复进出口阀门，回填并完成其他必要的维护。

（14）根据要求对管道进行冲洗消毒。通过流量、压力测试确定清洗后管道的 Hazen-Williams C 值。

（15）恢复供水。

3.5.2 优势

该方法的主要优点包括：

（1）能够以 0.6 ~ 3.0m/s 的速度在一次连续操作中清洗长段沉积物严重的管道。

（2）能够灵活适应标准弯头（最大半径等于管道直径的 3/2）和弯头、倾斜和垂直管段以及通过管道尺寸的闸阀、球阀、三通和龙头。

（3）能够以最小的挖掘点清洗水管。

（4）能够将管道恢复到与新安装的无内衬管道相当的 Hazen-Williams C 值。有关使用 Hazen-Williams 方程的讨论，请参阅第 1 章。

3.6 动力镗孔清洗法

动力镗孔是一种清洗方法，使用任何液压驱动装置，都能够从口径 75mm 以上的铸铁、球墨铸铁和钢管上去除结垢。该过程通常在 121m 或长度更长的管道内进行。

齿条镗床是一种紧凑型柴油动力单元，使用液压将最高 23.1kW 的功率输送到镗头。镗头被设计用于匹配 4.6m 长的弹簧钢镗杆，配有弹簧式快速接头，用于将连杆连接成适当的长度，以清洗不同长度的管道。镗杆组件的末端配有弹簧钢切割刀片或其他清洗工具，以 750r/min 的速度旋转并通过管道。该清洗过程逆水流行进，以冲洗松动的碎屑。

齿条进给镗床可以配备可调节的悬臂，以适应各种管道深度并控制镗杆插入管道的角度。预先设定镗孔速率与弹簧切割刀片旋转的比率，以确保整个清洗操作的结果一致。该方法可去除管道的内表面结垢，并且可以有效地弯曲达 22.5°。

该方法运行过程基本操作步骤如下：

（1）检查要清洗的管线图纸，并通过现场检查并验证所有可能的入口和出口、阀门、配件等位置。使用管道定位设备并清楚地标记埋设的公用设施服务。

（2）供水企业制定应急方案。

（3）在清洗前后进行流动测试（如果需要）以确定主要状况。

（4）提前通知受影响用户。

（5）采用临时供水措施，并按照规定进行消毒处理。

（6）所有入口符合合同文本规定。

（7）按照厂家的操作说明进行清洗。按规定对碎屑和废水进行收集和处理。

（8）清洗后，使用海绵或橡胶刮刀清除管道中的残留水，并按照法规要求进行处理。

（9）条件允许时，可采用彩色闭路电视设备检查管道，标记街道名称和地址。

3.7 清洗球法

这种从水管内部去除沉积物的方法主要利用了在管线中推进的球。这些橡胶球放置在分配主管中并在水压下强制通过主管。这些球从入口点进入并引导至过滤器取回它们的位置。弹性球通过管道的随机运动去除结垢并迫使它们到达下游的出口点。在运行结束时，使用过滤器收集球和待丢弃的碎屑。

4 水泥砂浆内衬技术

4.1 水泥砂浆内衬

当碱性水与铁接触时，会形成抗氧化的化学抑制剂。由于水泥砂浆内衬中的水泥和砂石是多孔材料，因此可以渗透至管壁与铁接触，使得碱度提高最终形成抗氧化保护层。

20 世纪 30 年代中期，水泥砂浆最先通过离心工艺喷涂于管道内壁形成涂层，然而这种工艺只适用于大口径管道。从 20 世纪 60 年代开始采用远程内衬喷涂工艺。目前，球墨铸铁管和大多数钢管在敷设前会进行水泥砂浆喷涂，已成为供水行业的一种常规方法。

水泥砂浆通过电动或气动喷头涂敷在管壁上。根据管径、阀门位置、弯曲度和管壁状况，在管道内 92~458m 距离设置喷头，砂浆通过机械输送或高压软管泵送至喷涂系统。喷头后配置旋转镘刀或锥形拖曳镘刀，随着喷头移动，形成光滑平坦的（非结构）涂层。

强化水泥砂浆内衬工艺可以对结构改善，通常水泥砂浆内衬厚度为 13mm（无镘刀），而采用强化水泥砂浆内衬工艺，通过采用重叠接口，将金属丝网置于内衬上，再涂覆一层 13mm 厚的水泥砂浆涂层（镘刀抹平），其余步骤与常规水泥砂浆内衬工艺相同。该工艺通常用于修复重度腐蚀的人口径钢管，即使管道中出现破裂和漏点，水泥砂浆内衬也可以通过金属丝网能完好地附着于管道内壁。虽然这种方法不一定能防止爆管发生，但可以在一定程度上延长管道使用寿命。

4.2 喷涂步骤

非结构性水泥砂浆内衬工艺按如下步骤进行：

（1）地形、管件（弯头、阀门等）和交通条件都会影响喷涂设备接入点的工作井开挖位置，同时也会影响管道清洗方式的选择。针对 300mm 或更小口径管道，需提前移除所有 22.5°、45°和 90°弯头；针对 400mm 口径管道，需提前移除 45°和 90°弯头；针对 500mm 或以上管道，需要在 90°弯头附近进行开挖或拆除。当必须拆除和更换相关阀门，如果管径太小而无法进入，则需要拆下阀盖以便从阀门内部清洗水泥砂浆。在大口径管道中，人员可以从管道内部清洗阀门。

根据它们的尺寸，直径减小或阻塞的管线阀门可能需要在阀门的两端进行拆卸或挖掘以进行内衬安装。

（2）管道通常通过重力或排放阀排水可以去除大部分水。然后，施工单位可以通过绞车将橡胶刮板拉过管道，从而清除管道低处的存水。此时，通过检查确定是否有任何分支阀的漏损现象，但管道中必须无存水。

（3）铸铁管是使用工具切割然后去掉 1.0 ~ 1.5m 的管段。钢管通过气焊切割，取下一端管道封口，再采用机械联轴器重新连接铸铁管，采用对接带重新连接钢管。

（4）搅拌车或混凝土批量处理设备位于通道孔附近，用于制备二氧化硅型砂和一部分Ⅱ型硅酸盐水泥组成的水泥砂浆混合物。然后根据管道直径，可通过几种方法将混合砂浆输送至喷涂设备。

（5）口径为 100 ~ 600mm 的管道（有时更大），砂浆通过高压软管泵送至喷涂设备。特殊设计的绞车以恒定的速度行进，确保内衬厚度均匀。

（6）在进入挖掘（混合砂浆的地方）和衬砌机之间穿梭的机械进料设备将砂浆输送至料斗，操作员通过使用机械驱动的旋转镘刀手动调节砂浆。

（7）施工后，必须清除用户的服务管线和直径小于 50mm 的横向支管接口。这个工作在安装内衬后约 1h 完成，在与主管的连接处使用压缩空气吹开服务管线。直径超过 50mm 的横向支管不会被离心内衬堵塞，也不需要挖掘或回吹。

（8）在无压情况下将水引入管线，以便在喷涂后 24h 进行固化。冲洗消毒合格后恢复供水（排放水应按照政府或地方标准处理）。大多数配水干管可在喷涂后 4 ~ 7 天内恢复使用，具体取决于阀门位置和消毒要求。

5 喷涂聚合物内衬技术

采用喷涂聚合物材料对钢铁管道进行原位修复的工艺在20世纪70年代后期由英国开发，自20世纪90年代初以来则一直在北美使用。该工艺已被有效地用于修复结构状态良好的老旧无内衬管道。环氧树脂内衬于1992年在美国首次演示。使用的环氧树脂材料于1995年首次通过ANSI/NSF标准61认证被批准，2008年美国AWWA颁布了关于环氧树脂内衬工艺的标准。

英国开发了新型聚氨酯和聚脲基快凝聚合物内衬材料。自从1989年英国首次商业应用喷涂聚合物以来，它在以前以环氧树脂为主的许多应用中变得越来越流行。这方面的主要驱动因素是快速固化特性，该工艺允许在一天内通过补氯或者快速清洗消毒，同时进行清洗、内衬和恢复使用工序。

这些聚合物已经在美国和加拿大使用，并且正在迅速推广至其他国家，它们将快速固化时间缩短至30min（7s无黏性），而环氧树脂固化时间则为12~16h。使用环氧树脂和水泥砂浆内衬进行管道更新通常被认为是操作简单的内衬方法。最近，一些聚合物材料能够增强管道结构并延长使用寿命，达到半结构或结构性修复的目标。

5.1 聚脲材料

使用最广泛的环氧树脂是通过环氧氯丙烷与二苯酚丙烷类化合物反应制备的。聚脲是由异氰酸酯和胺反应产生，聚氨酯则由异氰酸酯和聚醚多元醇反应形成。将异氰酸酯与多元醇和胺的混合物结合，也可以制成复合内衬，从而得到具有聚氨酯和聚脲的性能特征的材料。

聚合物涂层可以增强管道性能，并具有以下功能：

（1）解决管道内部腐蚀和水质问题：喷涂聚合物内衬形成高效且耐腐蚀的屏障，消除了会造成水质恶化的结垢。

（2）增加管道的输水能力：喷涂聚合物内衬能够呈现光滑表面，通常比水泥内衬更薄，此功能与穿插内衬相同。低摩阻系数和较薄的内衬厚度有助于提升管道输水能力。

（3）聚合物喷涂内衬的快速固化能力可以大大缩短停水时间，甚至当天恢复供水，无须设置临时管道，并且可满足消毒和细菌测试的要求。

（4）不含挥发性有机化合物（VOCs）：应该与材料供应商一起验证双组分喷

涂聚合物内衬是否含有添加溶剂中的 VOC，这种物质是空气污染的来源，导致违反当地的空气质量法规。

（5）避免堵塞支管连接：在安装过程中，喷涂聚合物内衬通常不会关闭或堵塞支管连接。但是，如果管道直径相对过小或者如果在小直径管道上安装较厚的结构内衬，则可能需要机器人恢复服务连接。

（6）允许管道弯曲度：喷涂聚合物内衬可以通过最大 22.5° 的弯头，避免了通过多次挖掘打开和移除弯头的成本。该方法还可以通过大型用户三通和消防栓三通且不会造成损坏。

符合半结构修复标准的聚合物材料具有以下附加功能：

（1）可减少腐蚀孔、裂缝和管道接头损坏的泄漏：在现有主管道内喷涂聚合物内衬提供了连续的包络，并可修复轻微的腐蚀孔和细小的接缝间隙。

（2）可以改善老旧管道的结构完整性和使用寿命：一些聚合物内衬可能会增加管道强度，被确定为 II 级半结构内衬。配制基于聚合物的喷涂内衬具有足够的环刚度，从而为主管道提供交互式压力支持，而不依赖于黏合力。

为了满足 IV 级结构标准，聚合物材料在结构失效时能够基本上替换主管道，并且能够长期持续运行。如果主管道破裂，IV 级喷涂内衬必须与主管道分开，类似于 III 类材料，但其具有足够的结构强度，在负载和全工作压力下起到独立管的作用。

采用传统的开挖施工方法，由于需要恢复人行道、马路和景观等地面，成本过高。此外，开挖方法还会导致空气污染、噪音和灰尘、安全隐患和交通中断等不利影响。与其他非开挖技术方法一样，喷涂聚合物内衬不仅大大降低了社会成本和对邻近公用设施、结构的干扰，也减少了大量地表和地下挖掘工作。

表 5-1 中总结了使用喷涂聚合物内衬进行非开挖更新的益处。

表 5-1　喷涂聚合物内衬的特性和优点

特　性	优　点
连续阻隔内衬	防止老旧管道内部腐蚀，防止管道接头和孔洞泄漏
薄壁内衬	最大化修复后管道内径
贴壁内衬	最大化流量，不需要灌浆
光滑表面	最大化流量
环境温度安装	无需加热
非开挖安装	对邻近地区、地表和地下以及结构的干扰最小，与露天管道施工相比，减少了对环境和社会干扰
简单灵活的安装设备	适用于管径 100mm 或以上的管道

特　性	优　点
恢复供水	当使用快速固化材料时，根据当地消毒要求或用水建议，当天恢复供水
耐磨性	耐磨性持久

　　喷涂聚合物内衬是双组分原料的混合物。当其具有 ANSI/NSF 标准 61 饮用水系统成分认证时，它可以用于水管的更新。起始处的材料通常具有低黏度特性，能够通过中间管泵送到喷头，并且可以获得具有优异黏附特性的高构造抗塌落内衬。成品内衬固化后有光泽。

　　非结构喷涂聚合物内衬需要均匀的内表面以避免接合区域的间断，从而确保整个应用的管道长度内的内衬处于最佳厚度。更新水管的应用速度能够促使其快速投入提供供水服务。

　　管道更新操作通常需要中断供水服务，并且可能影响包括住宅区和商业区的大量设备和工作人员。然而，通过合适和符合实际情况的规划和安排，喷涂聚合物内衬将会在最短的时间内清洗、检查、应用和恢复供水服务。

　　在规划项目时，必须确定待衬砌的管道上所有阀门的位置。建议承包商/施工人员检查图纸、视频等形式上的尺寸，以确保准确性。一旦实现这一点，就可以确定要安装部分的数量，工作坑位置和喷涂长度。

　　单次喷涂长度可达 200m。当观察到接头移位、直径变化等时，可以改变喷射方向以便均匀涂覆。

　　在进行喷涂内衬之前，强烈建议使用闭路电视（CCTV，Closed-circuit Television）的内部检查来评估每个管段。该检查将显示出管道所需的清洗程度，突出显示在考虑适当的衬砌厚度时必须考虑的任何缺陷，找到有效和废弃的用户三通，并确定禁止进入的水量和可能进入管道的水源。

　　管道清洗和表面处理方面，为了实现与主管道表面的黏合，在施加内衬之前必须正确清洗管道内部。有许多种清洗方法，每种方法都有各自的优点和适用性，主要取决于聚合物产品与主管道的黏合性能。可以在干净的管道上使用空气冲刷和擦拭，以去除灰尘和其他微小碎屑。为了确保管道已经充分清洗、清除积水并且防止泄漏，应在喷涂内衬之前进行 CCTV 检查。

　　用于喷涂聚合物内衬的设备应适合储存、加热、分配和混合组分，并应符合制造商的使用说明。内衬设备应配备带有辅助压力监测器的流量计，并且必须能够在制造商公差（通常为 ±5%）的指定混合比范围内分配和监测两种组分（基料和活化剂）。设备应配有声学警报，当混合比率偏离规定值的 ±5% 时报警。

　　在合理的混合比例和用量下采用微处理器技术来控制双组分材料的输送、温度和喷涂设备的行进速度。喷涂设备应提供以下记录：

（1）输送到喷头的材料体积和流速。

（2）按体积的混合比例。

（3）基底材料和活化材料软管的压力。

（4）内衬厚度。

（5）开始喷涂内衬所经过的时间。

（6）日期和实时。

（7）内衬设备应能够单独加热基底材料和活化剂，以便材料应用时的温度符合制造商的建议。为了促进这一点，衬砌设备应配备加热的输送软管。

（8）完成内衬操作后，应使用适当的清洗剂冲洗喷头。承包商应将所有溶剂洗涤液从现场清除，以便随后作为危险废物处理。

（9）修复后的管道安装新支管时，需对旧管道和内衬进行切割。为了防止内衬与旧管道脱粘，应使用气动往复锯等类似物进行切割。使用这种设备可以避免在切割位置产生过多的热量，导致内衬局部变形。根据内衬制造商的建议，也可能需要考虑内衬与主管的端部密封。

5.2　操作程序概述

（1）找到挖掘点，评估管道弯头、阀门和其他条件，以确定入口位置。

（2）根据制造商的要求，彻底清洗管道，清除积水和漏水。

（3）使用 CCTV 评估待修复管道的状况。

（4）仅在管壁温度高于 3℃ 或材料制造商规定的最低温度时（以较高者为准）喷涂聚合物内衬。

（5）在喷涂之前，应检查泵的运行参数、材料的混合比和温度，记录相关信息。

（6）在将输送软管接入水管之前，两组料须通过泵循环，直到每个料达到材料制造商规定的统一操作温度范围。

（7）将软管插入管段并连接静态混合器和喷头后，检查操作是否正常。将混合材料通过喷头试验喷射到容器中并放到测试卡上，并将观察到的混合材料颜色记录在记录纸上，观察两种材料组分的正确混合。

（8）当操作员确保材料流动并且内衬材料颜色正确且均匀时，可以开始喷涂。

（9）仔细监控绞车速度和软管回拉速率，以确保平滑移动，以及在单次应用中回拉速率保持匀速。

（10）在完成聚合物内衬喷涂并检查管道后，立即盖住主管道的末端以防止污染水进入管道。

（11）满足材料制造商要求的最短固化时间。

（12）对于某些管道，需要二次喷涂。按照制造商说明重复步骤（4）~
（12）。

（13）在固化期后，观察管道的两个端口并进行完整的 CCTV 以验证喷涂质
量，通常，两种不同颜色的双组分材料混合喷涂于管壁时形成第三种颜色。

（14）如果 CCTV 或观察时发现缺陷，请根据相关标准进行更正。

喷涂聚脲内衬的厚度可在 1~8.5mm 之间。聚合物产品的总厚度取决于内衬
所需结构强度。一些管道利用多个涂层才能达到所需的结构强度。

6 原位固化修复工艺

原位固化修复工艺（CIPP）内衬技术是先将浸渍或涂覆有可固性树脂的聚合物纤维增强管或软管插入供水管中，然后在特定环境条件下通过使用蒸汽或紫外光来固化树脂，以产生具有一定强度的"管中管"，按照要求设计为非结构性的管道或者完全独立结构的内衬系统。

这种技术已广泛用于市政污水、工业废水和天然气管线的修复。与饮用水管道中使用的任何内衬技术一样，它的应用受到相关卫生当局认证或批准的限制。目前，一些 CIPP 法已通过相关标准评价。

CIPP 法可分为三大类：

（1）以毛毡为基础的修复。内衬由无纺聚酯毡制成，外表面涂有一层弹性体。根据压力管道情况，改变毛毡内衬的厚度和增强纤维，可以使内衬在用树脂浸渍固化时满足更广泛的要求。

（2）以编织软管为基础的修复。衬管由许多圆形编织的无缝聚酯纤维软管组成，在一个外表面涂有一层弹性体并浸渍树脂。软管和树脂的复合结构可以根据需要设计来承载不同的内部压力和外部载荷。

（3）以膜为基础的修复。衬管由非常薄的弹性膜组成，可以穿过非常小的孔眼和间隙，用于防止管道内部腐蚀。固化的树脂层仅用作主管道的黏合剂。变形将膜与编织软管连接在一起，可以跨越较大的孔和间隙。这些类型的组合可以组成系统。

6.1 基于毛毡的修复

1971 年在英国开发的原始毛毡内衬系统已被用于修复全世界数千英里（1 英里 =1.609344km）的污水和饮用水管道。该方法适用于直径从 100 ~ 2800mm 的管道，它可以修复非圆形管道并可以通过 90°弯曲。近些年在此基础上不断发展出许多类似的工艺。

基于毛毡的 CIPP 修复工艺根据内衬修复法是否包含纺织品或玻璃增强纤维有所不同。基于毛毡的内衬修复法的制造需适合特定的主管道尺寸，在承包商工厂或大直径管道的现场浸渍所用的树脂并不相同。包括聚酯，乙烯基酯或环氧树脂（通常用于饮用水应用），需要注意的是，所选树脂应满足机械性能要求。

基于毛毡的修复法可根据安装方法进行分类。一些系统通过倒置安装，其中浸渍的衬管通过管道进料，再通过水或空气压力向内翻转。而另一些是通过将衬管拉入管道，再用水或空气充气来安装的。

浸渍的内衬通常在工厂冷却并在冷藏车中运输到作业现场以防止树脂过早固化，然后使用加压水或空气将衬管倒入管道中，或者，可以将其绞入管道中，再使用空气或水压力进行充气，最后通过加热水或使用蒸汽来固化衬管。固化后，衬管的端部与母管的末端齐平地切割。为了确保内衬系统中的终止点处处于密封状态，以及在分配管道中维修连接的恢复，一些系统会依赖衬管树脂系统对主管道的黏附。在其他情况下，内衬系统将依靠机械配件来实现密封。

基于毛毡的修复法可根据其厚度和强度特性提供半结构修复至完全结构修复。它们主要适用于以下管道中，包括严重的内部腐蚀、针孔泄漏、由于接头故障引起的泄漏、局部外部腐蚀引起的问题以及严重恶化或结构不健全的管道。安装的 CIPP 内衬很薄，与主管道紧密配合。修复后管道的 Hazen-Williams 值较高，其流量可以保证与原管道相同。

6.2　编织软管修复

这些系统采用圆形编织聚酯纤维软管，其中一面涂有一层弹性体。在安装之前，软管浸渍一层环氧树脂，然后使用绞盘拉入管道，也可以通过使用空气或水压力的倒置技术插入管道中。

在第一种情况下，一旦将衬管拉到指定位置，使用成型工具将软管和树脂压在主管道内部。在翻转期间，将内衬由内向外翻出，使树脂压在主管的内表面上。在热固化（通常指通过循环热水或蒸汽）之后，衬管的端部与管道的端部齐平地切割。为了确保内衬系统中的终止点处的密封，以及在分配管道中恢复的维修连接，一些系统依赖于衬管树脂系统与主管道的黏附。在其他情况下，内衬系统将依靠机械配件来实现密封。该系统适用于一系列高达 45°的弯曲制造，通常适用于直径范围为 100~1000mm 的管道。

编织软管修复法可根据厚度和强度提供半结构修复和全结构性修复。可解决以下管道问题，包括严重的内部腐蚀和针孔泄漏，由于接头故障引起的泄漏以及在某些情况下解决局部腐蚀引起的破坏或主管道完全腐蚀而引起的问题。由于安装的衬管非常薄，并且具有高 Hazen-Williams 值和无接头结构，修复后的管道中的流速可与原管道流速相同。对外部屈曲载荷的抵抗力取决于黏合剂与管壁的黏合程度，因此关注插入之前主管的清洁程度和干燥的程度十分重要。不同的是，编织软管系统的变形在固化时至少是半结构强度或达到全结构。

编织软管修复法最初是由日本开发，用于城市燃气管道的修复和地震保护。该方法现在在北美、日本和欧洲主要用于修复饮用水管道。

6.3　膜系统修复

这些系统的管道采用涂有热固性树脂的薄弹性膜，利用空气压力将衬垫拉入或倒入主管道中，并用类似固化毡基和编织软管系统的方式固化。膜内衬系统主要用于修复泄漏的低压（169kPa 左右）燃气总管。与先前描述的系统相比，它们在典型的供水管道操作压力下的修复能力还比较有限。

7　穿　插　法

7.1　穿插法和改进后的穿插法

将柔性热塑性内衬直接插入现有的水管中是一种可行的修复方法。插入的内衬可以是宽松的也可以是紧密贴合的。自 20 世纪 80 年代初以来，宽松内衬这种方法（通常称为穿插法）已在下水道和天然气管道中广泛应用。它还应用于原水和处理后的饮用水输配系统的修复。紧密贴合内衬则是使用拖拉方式进行安装，其中圆形的内衬横截面会进行缩径处理以方便插入待修复的管道中。这些方法会用到某种形式的恢复工艺，保证内衬重新恢复成圆形并且其直径与原管道相同。这一系列内衬技术被称为改进的穿插法。

作为内衬的聚乙烯管的制造须满足相关产品制造标准。聚乙烯管材的选用级别可参照《非开挖工程用聚乙烯管》（CJT 358—2019）分类。目前的应用结果表明这种材料可以承受较高温度（加压管道中温度为 60℃），耐腐蚀及耐磨损。

对于某些特殊场景，也可以使用其他热塑性塑料，如聚丙烯等。

7.2　穿插法

穿插法的优势在于它在旧的缺陷管道内部创建了一个没有经过挖掘的全新压力管道。

使用热对接熔合或机械耦合的方法，将几个连续长度的柔性管的端部在地面上较方便的位置处连接。连接的单个管道可达 18m 甚至更长，形成单一管道。然后通过类似拖拉电缆方法将该内衬从待修复管道的一端拉入并穿过旧管道部分，之后将新管道重新连接到现有主管道。

适合穿插的工程应用很多。大多数现有的管道都可以采用穿插内衬，针对以下工况，该方法适用性更强：

（1）若现有管道结构不完整，则不宜采用其他内衬方法；

（2）无分支的直管道，如果主干管结构已强化，换管成本较高时；

（3）当主管道越过或穿过铁路、桥梁、河流或其他障碍物，其余内衬法不切实际且在经济上不可行时；

（4）其他内衬方法不可行时；

（5）原管道输水能力富余时。

穿插内衬确实在一定程度上减小了管道的有效横截面积。因此，在决定是否采用穿插内衬时必须考虑修复后的流量要求。然而，与旧的无内衬管道相比，内衬管道摩擦系数的降低能够有效地补偿内径变小这一缺陷。此外，与其他无内衬管道材料一样，流速并不会因腐蚀、生物生长或随时间推移而降低。最后，必须考虑被修复管道的几何结构，因为内衬管道通常不能通过弯头。

7.2.1　修复过程

修复过程中应仔细选择穿插拖拉内衬管道的材料类型。目前，最常用的材料是由高密度聚乙烯（HDPE）制成的热塑性管。有关安装聚乙烯管作为穿插内衬的细节见《城镇给水管道非开挖修复更新工程技术规程》（CJJ/T 244—2016）等规范。最近，PVC 管也成为新的内衬材料被使用。

为了便于插入，DN500 及以下的管道，穿插管的尺寸应使其外径（OD）和被修复管道的内径（ID）之间有至少其直径 10% 的间隙，对于 DN500 以上较大管道，5cm 的管道间隙通常就足够了。管接头可能存在的障碍物以及插入过程中产生的正常摩擦的情况决定了衬管尺寸。内衬管道尺寸通常参考铁管尺寸或球墨铸铁管尺寸的标准，但也有特殊直径作为管道穿插内衬的尺寸。

材料选择中要考虑的因素包括在设计温度下达到一定压力等级所需的壁厚，以及承受土壤载荷、外部压力和抗交通载荷的能力。穿插管的承受力除了与管道材料有关外，还与使用的安装方式有关，因为即使是最薄的商用 HDPE 管或 PVC 管也经常用于一百到数百米长度的修复穿插。

压力等级根据管道材料的类型和标准尺寸比（SDR 或 DR）确定，标准尺寸比是外径与最小壁厚的比值。不同管径的管道都有自己特定的标准尺寸比值，例如 SDR 17 或 DR 25，由于具有相同的抗压等级，可以组合成一个管道系统。任何穿插的管道都有特定抗压能力。如第 1 章所述，可以使用 Hazen-Williams 方程计算在 PVC 管和聚乙烯穿插时拖拉内衬带压下的流量，而在管道内出现负压时管道必须具有足够的 DR 或 SDR 值以抵抗坍塌，环形空间则必须进行注浆处理。

制造各种用于 HDPE 管、PVC 管、旧铸铁、球墨铸铁和钢管之间转接的特殊配件、水龙头和其他附件，用于内衬管道的开梯连接。

在对主管道进行穿插修复之前，应制定有关现有管道、阀门、支管和消防栓连接的详细计划。由于穿插法有时需要大量挖掘，因此必须特别注意交通管制和公共安全。由于未开挖整个现有管道，挖掘时应尽可能远离人流密集区域。平面图计划和规范应明确说明线路安装和相关工作的必要标准。如果现有管道严重受损，可将水泥浆注入衬管和现有管道之间的环形空间，为交通和地面负荷提供额外支撑。

在管道修复时，虽然按照穿插所需的停水时间可能相对较短，但还应考虑临时服务管道。

穿插前除了考虑与修复过程直接相关的消防栓、新近重新连接的系统与水系统的相邻部分的连接这些因素，设计师还需考虑包括更换部分支线阀门等其他工作。

如果提供临管服务，则应在穿插修复前安装。

通常需要至少两次开挖以进行穿插，在要进行修复的管段的每一端各进行一次开挖。弯头或其他管配件的开挖允许设备从一个位置向两个方向拉动。开挖长度与插入坑和回收坑处拆除的主管道数量随管道类型和安装深度的不同而变化。通常在插入端设置一个倾斜的沟槽，用于安装内衬。沟槽宽度应满足管道切割设备的充分操作和重新连接。延长开挖段的长度可以减少插入的难度，尤其是对于寒冷天气下，管道变得更硬、更难弯曲的情况。

第二次挖掘（拉孔）应足够大以保障管道修复作业、拉动缆索角度或其他拉入装置以及可能的融合设备的操作。直径大的管道或较深的管道，基坑可能需要更大。挖掘应根据需要进行基坑支撑，并设置安全围栏，以确保作业安全。挖掘点之间的距离取决于管道走向和直径。根据主管的对齐和衬管的重量，可以单次拉出超过300m。建议在开始穿插之前进行维修和横向重新连接挖掘。

带有内衬的管道部分必须通过关闭阀门进行隔离，再排出积水（积水可能有利于穿插时的拖拉操作，因为 PVC 管和 HDPE 管在水中具有一定的浮力，但也会给工人施工带来困难）。然后从安装内衬部分的每一端切下一段现有的管子，留下一个足够的空间，以便在一端拉动而在另一端插入内衬。根据内部腐蚀和水质的情况，准备输送管之前可能需要进行管道清洁。清洁后，应考虑对主管进行检查，以防止出现不可预见或预期的情况，例如存在废弃的阀门或未知的用户连接等。在大多数情况下，必须切掉部分旧管道以便重新和其他支线连接。

一旦正确地准备开始输送管，就将绞盘缆绳送入并连接到 HDPE 管或 PVC 管内衬上的子弹形牵引头上。通过用熔接机连接 HDPE 管或 PVC 管的接口部分，接头需具有与管道本身相同的结构完整性和抗拉强度。当铺设管道可以拉入时，可沿着弯曲路径对管道进行穿插来避免表面障碍管道。管道制造商公布了最小曲率半径，HDPE 管的范围是管道直径的 20~40 倍，具体取决于 SDR（例如，SDR 17 管道为 $27 \times OD$，SDR 11 管道为 $25 \times OD$）。

直径较小的 HDPE 衬管外径为 200mm，可以成卷购买，以减少现场熔接接头的数量。但是，必须考虑卷取过程中达到设定曲线的拉管引起的附加摩擦，然后用动力绞盘或其他牵引装置将内衬拉过载体管。当安装大直径管道内衬时，通常使用反推或推土机进行推拉，其中推动衬管的设备有助于绞车的拉动作用。插入的过程中必须小心，以防止衬管被拉入现有管道时刨削衬管的外部。

插入完成后，衬管必须连接到剩余的水管。对于 HDPE 管内衬，带有金属支撑环的法兰塑料配件（称为法兰适配器）可用于端接内衬部分并重新连接到现有系统。符合标准的机械接头适配器可用于连接带内衬或将新内衬固定到现有的钢、铸铁或球墨铸铁上。

必须将已经挖出并从承载管切出的用户管线、消防栓和分支侧面连接到衬管上。对于 HDPE 管，施工单位将热鞍座直接熔接到衬管上，并使用自攻 T 形接头。对于 PVC 管，按照标准的 PVC 管分接程序，应使用标准龙头鞍座和套管进行维修连接。施工时须切割 T 形管并连接现有的消防栓或边线侧面分支，类似于之前描述的干线重新连接，且必须严格注意所有配件的额定压力。

插入和重新连接的衬管应该和所有新建的水管一样进行水压测试。试验压力不应超过管道额定压力的 150%。对于 HDPE 管，试验压力不应超过 8h，且管道之间不得泄压。在此期间，试验中 HDPE 管的直径将扩大，需要定期添加水以维持测试压力。

必须特别注意在牵引或插入挖掘以及在横向重新连接点处时内衬的暴露部分，需要适当的铺设和回填，以防止差异沉降。穿插过程的最终完成包括消毒后恢复主要服务、移除临时旁路服务、永久铺设和现场清理。穿插法的缺点包括减小了横截面积以及涉及许多服务和分支重新连接必须进行的大量挖掘。对于水务工程师或管理者来说，尽管穿插存在诸多缺点，但这仍是一种有用的内衬修复方法。

7.3　改进穿插技术

改进的或紧密贴合的穿插技术涉及插入热塑性管操作，该方法需暂时更改热塑性管的横截面从而有足够的间隙插入主管中。当截面改进的管恢复到其近似的原始形状后，主管内即可形成紧密贴合的内衬。根据所选的工艺，可以在工厂或现场进行横截面修改。

改进后的穿插法与传统的穿插法主要存在以下两类主要差异：

（1）保留了水力性能更好的横截面。尽管横截面积减小，但改进后的穿插法改善了管道平滑度（增加的 Hazen-Williams C 值）和减少了内衬接头，细内衬实际上可以提高现有管道的输送效率；

（2）内衬厚度的灵活性。可以选择内衬厚度以提供完全结构强度或半结构强度支撑内部压力的能力。针对一些类型主管的恶化程度，相比其他选择，后者可以提供更具成本效益的改造方法。

改进的穿插方法可分为三大类。

（1）对称压缩法。该方法涉及使用外径与主管道内径相同或稍大的圆形热塑性管。热塑管通过静压模或压辊，暂时减小了直径，允许足够的间隙以便利用施加内部压力和3个特定的间隙将管子插入主管中。绞盘插入后，管道可恢复其原始尺寸。在一些应用中，施加内部压力可以促进这种逆转，这些技术通常使用聚乙烯管，利用"记忆"材料来获得挤压和形成系统时形成的尺寸。

（2）折叠和成型法。这些内衬系统包括在制造厂或现场将热塑性管的横截面改变成折叠的C形或U形。在将绞盘插入主管中之后，使用热和压力使管恢复其原始形状和直径。这些技术可采用聚乙烯、纤维增强聚乙烯和PVC作为衬管。

（3）拓展PVC法。该方法是指使用PVC管，将穿插管插入准备好的主管中。PVC管材配方为扩展工艺开发，需符合相关标准要求。移动设备加热PVC管并将其扩展到主机中，形成一条紧密贴合的衬管。膨胀的PVC管在适当位置冷却到位后保持固定的新尺寸。

表7-1总结了可用于HDPE管道改进的穿插方法，并简要描述了这些过程。

表7-1 HDPE管改进的穿插方法

改进类型	改进位置	改进设备	改进形状	恢复方法
对称张力	现场	静态模具	圆形	自然
对称张力	现场	滑板模具	圆形	自然
对称压缩	现场	多滚筒	圆形	水压
折叠和形式	工厂	加热折叠	U形或C形	蒸汽和压力
折叠和形式	工厂	冷却折叠	圆形	空气/水压力
折叠和形式	现场	冷却折叠	圆形	水压力
折叠和形式	现场	冷却折叠	圆形	空气/水压力

7.4 对称缩减法

插入内衬的方法有多种，这些方法的不同之处体现在实现直径减小的方法、恢复到设计形状的方法和时间尺度，以及插入到主管上的方法这几个方面。所提供的内衬类别也随实施的静态模具法而变化。

7.4.1 静态模具法

最初英国天然气和水资源公司在英国分别开发了两种管道修复方法，以满足市政天然气管和水管的非开挖修复技术需求。两者都涉及将一段聚乙烯管通过静态模具减小直径，并直接拉入待更新的管道中，同时保持绞盘张力，直到管道完全插入。当绞盘张力释放时，聚乙烯管迅速恢复到其原始直径，同时缩短长度，直到在主管中实现紧密配合。原始工艺使用烘箱在管道通过模具之前加热管道，以减少所需的绞车力，但目前这个过程很少使用。

这些工艺主要应用铸铁、球墨铸铁、钢制的燃气管和直径范围为 100 ~ 500mm 的水管，在直径达 1000mm 的输水管道中需使用另一种方法。

7.4.2　基于辊筒的系统

最初，美国开发了两种基于辊筒的工艺，以满足全国石油、天然气和采矿业对薄壁聚乙烯内衬系统的需求，控制在高压下运输石油、天然气和水产品的钢管内部腐蚀。两种方法都包括将一段聚乙烯管穿过一系列减速辊进入管道中进行修复，这些减速辊可以液压驱动和推动。该过程与静态模具技术相比，所需的绞盘张力稍低，并且当释放绞车张力时，内衬可能不会迅速恢复到原始尺寸。这些工艺用于插入直径达 1400mm、长 700m 管段。尽管有些装置已经在铸铁和球墨铸铁市政燃气和水管线中插入了内衬，仍然需要衬砌焊接钢管。

第三种基于辊筒的工艺在英国与三辊法并行开发，已广泛用于铸铁燃气总管以及之后的水管改造，水管直径范围为 100 ~ 500mm。该过程包括将一段聚乙烯管推过一系列减速辊。与静态模具系统和其他基于辊筒的系统相比，根据环境温度的变化和直径的减小，可保持数小时至数天的时间。完全恢复到最终尺寸需要施加内部水压 12 ~ 24h。这种时间延迟如同其他过程一样，可以在不同的时间和位置将减少的管道直接插入主机。

最近，另一种基于辊筒的系统已经被引入用于水管修复，用于 150 ~ 600mm 的管道内衬。与以前的系统一样，它采用了一系列减速辊，但所有滚轮面板（通常为三到四个面板）中的每个滚轮都是液压驱动的。根据依赖环境温度的直径减小，大部分保持数小时至数天，并且若需完全恢复至设计尺寸需要反复施加高内压（通常是设计管道操作压力的两到三倍）。在该系统中，动力辊可以提供大部分驱动力以插入内衬，并且绞盘力显著减小，通常提供引导张力。该方法旨在最大限度地降低引入衬管的纵向应力，如果将来必须切割衬管，则可降低收缩的可能性。在安装新配件期间可能会出现外部原因损坏，这种情况则需要进行维修。

7.4.3　一般特征

所有对称缩减技术都具有以下特征：

（1）随着管道尺寸和壁厚减小，聚乙烯管道缩径所需的能量（由 SDR 表示）显著增加。因此，绞车张力和液压动力可能随着内衬管道原本直径和厚度的增加而增加，从而限制了在每个直径可采用的最大管壁厚度。这些限制因工艺而异，并且可能会影响这些工艺在翻新Ⅳ级聚乙烯内衬的能力。根据所使用的方法，可能对缩减后管道插入的时间十分敏感。

（2）由于制造公差或其他可能的障碍物（例如接头偏移），因此需要注意内径局部显著变化的内衬管道，这些变化可能会减少甚至消除某些点处的插入间隙。

（3）所需的聚乙烯管直径很少是标准管道尺寸。制造所需尺寸的管道可能涉及使用特殊的挤压模具，这可能会增加项目的成本和工期。这些工艺有时会产生无法调节制造的弯道，在这些维修连接点和任何其他在线配件的位置都需要进行局部挖掘。通常，连接点需要某种形式的润滑剂，例如膨润土或其他液体产品，以减少安装过程的摩擦。

（4）在直径减小之前和随后的插入期间，需要足够的空间以容纳聚乙烯管的对接熔接焊接到内衬段的整个长度的部分。对于需要水压进行恢复的工艺，端部必须用能够承受压力高达衬管额定工作压力三倍的配件加盖。

7.5 折叠和成型系统

工厂内折叠/热恢复系统包括在工厂加热并折叠成 C 形或 U 形的管道，然后根据直径将其运输到长达 600m 衬管的卷轴上进行现场作业。折叠的内衬被绞入主管中（在某些情况下，在卷轴上重新加热衬管以便于放置），然后使用热（通常由蒸汽提供）和压力（由蒸汽和/或空气提供）的组合将其重新绕制。通过使用衬套推进装置的再绕制过程是渐进的，它可以在整个管道长度内同时发生。

两种方法使用聚乙烯管来连接直径为 100 ~ 400mm 的管道，管道壁厚则考虑在 SDR 21.0 ~ SDR 32.5 的范围内。在最近的一项发明中，大直径 500mm 的折叠聚乙烯管以 12m 的长度运送到工地，工厂匹配的长度通过对接熔焊连接，在插入和重新环绕之前进入长 457m 的部分，该技术允许使用比传统卷轴折叠材料更大的直径。这种技术已被广泛用于废水管道，并且已经对它们进行了燃气和饮用水管线的应用评估。

此外，至少有两个穿插系统使用改性硬质 PVC 管，它们主要用于废水管道。这些系统的制造商目前正在探索其在水管道中的应用潜力。

聚酯增强聚乙烯（PRP）内衬由圆形编织聚酯管组成，在内表面和外表面上用聚乙烯封装。该系统是在英国专门为供水管道改造而开发的，自 20 世纪 90 年代中期以来，在整个欧洲、北美、亚洲和其他地区广泛使用。最初提供 75 ~ 150mm 的尺寸，目前尺寸已扩展至 300mm。卷绕式 PRP 内衬以折叠形式输送到现场，在环境温度下卷绕到主管中，然后在低压下，使用空气和蒸汽的组合快速地对缸套进行重新绕制。该过程产生结构 IV 级内衬，内部压力为 1170kPa，厚度在 10 ~ 20mm 之间，内衬可提供的内部压力为 1585kPa。壁厚可在 2 ~ 5mm 的范围内，具体取决于直径和额定压力。衬管可以通过一些内部起皱来调节弯曲角度达 45°的人工弯管。

现场冷折/冷恢复法是先把一长薄的圆形聚乙烯管穿过一块基于现场的设备，再将管道折叠成 U 形。当折叠管从折叠机出来时，该形状受到一系列薄塑料带的约束。在绞入主管中之后，聚乙烯衬管通过施加内部压力而重新恢复，从而使带子断裂。

该方法通常适用于高达 SDR 26 或 DR 21 的管道厚度，它在欧洲用作Ⅲ级衬管，应用于长达 900mm 直径的水管，在纽约为 1200mm 直径的水管。近些年它的尺寸不断扩展，例如Ⅳ级内衬，尺寸为 1500mm。它提供了优于工厂折叠技术的特性，即在通过折叠设备之前和在将内衬插入主管期间的任何时候，可以将额外长度的聚乙烯管熔合到内衬部分。因此，该方法可以适应大直径的长插入，且占用最小的场地空间。聚乙烯管通常具有非标准尺寸，其 OD 等于主管的最小预期 ID。

所有折叠和成型的技术都具有以下特征：

（1）它们需要更大的插入间隙，并不像大多数对称缩减技术那样具有时间敏感性；因此，它们对管道直径的局部变化不太敏感；

（2）折叠形状通常允许比对称缩减技术所需的入口凹坑更小；

（3）通常需要某种形式的润滑剂，如膨润土或其他液体产品，以减少安装过程中的摩擦；

（4）如果此类系统安装为Ⅳ级内衬，请确认折叠和重新环绕过程不会影响衬管的长期抗压能力；

（5）恢复或重新环绕，要求衬管的末端用合适的配件盖住。

7.6　膨胀 PVC 系统

这些系统涉及扩展特定的 PVC 管增加直径。PVC 管通常用于直径为 100 ~ 300mm 的主管，专门用于熔化和膨胀的 PVC 管以长达 150m 的长度对接熔合，这样得到的单管长度通过穿插管插入主管中。

在插入之后，组装端部硬件使得热水循环通过管道，确定用于配件和重新连接扩展管的端部配置。管端可以扩展至最接近的铸铁管或球墨铸铁管大小，以便使用标准连接硬件进行恢复。

当管道被加热到适当的参数时，它会被扩展以满足主管道的内径和端部连接。在压力下，管道在保持膨胀尺寸的位置被冷却，完成后移除末端硬件，将扩展管修剪成所需长度，并重新连接。

起始坯料壁厚度的选择和要进行的内衬膨胀量允许尺寸适合在大多数正常水系统压力 1034kPa 操作压力范围内应用。在重新连接之前，通常对衬管进行压力测试,使其达到系统工作压力的 1.5 倍。衬管不需要通过使用主管的任何压力来评定其压力等级使其成为真正的Ⅳ级全结构内衬。

7.7　内衬端口配件

所有内衬法共有的组成部分是端口配件,这是带内衬管段重新连接到现有系统或两个带内衬管段所必需的。在某些情况下,这些配件消除了内衬在安装后收缩的可能性。

根据内衬的设计和应用,端部接头可以采用熔接式、机械式或推入式。一些机械压缩型配件需要内部加强件以防止内衬在拧紧时塌陷,一些机械配件可以提供端部约束解决方案。熔接配件可用于结构内衬,由于内衬必须从主管伸出进行连接,连接方法可以用对接或电熔实现。

8 内部接头密封

8.1 内部接头密封

内部接头密封是一种现场管道接头的修复方法，用于纠正管道泄漏接头，加强弱接缝，修复导致泄漏的管道裂缝，防止渗透，也可以与其他非接合特定的修复方法（水泥砂浆、现场固化管道内衬等）配合使用。密封件的安装需要有人进入管道，因此通常限于直径为 400mm 或更大的管道尺寸。密封件通常能承受高达 211kPa 的内部工作压力，甚至更高。密封件通常有各种宽度，标准宽度用于最大 125mm 的接缝。较宽的宽度适用于宽度达 200mm 的接头，双宽适用于最大不超过 300mm 的接头或间隙。另外，定制密封件可以通过使用橡胶套管设计自定义密封。

内部接头密封在其外边缘上包括多个唇形密封件，将接头两侧的管道圆周完全密封在一起。密封件的灵活性确保了整个管接头周围的密封，同时其较低的剖面和分级的边缘允许水流动而不产生紊流。

应用于饮用水的内部接头密封件由乙烯丙烯二烯单体（EPDM）合成橡胶化合物制成（丁腈橡胶可用于非饮用水应用）。饮用水总管内部接头密封所用的所有材料应符合国标对饮用水系统的要求。有关内部接头密封件所用材料的更多详细信息，见表 8-1。

表 8-1 内部接头密封的材料详情

接头密封的类型	材　料
保持带	304 型不锈钢，4.8mm 厚度 ×51mm 宽条
垫片	304 型不锈钢，1.22mm 厚度 ×251mm 宽 ×6152mm 长
测试阀，低调	304 型不锈钢
塑料背带	该材料为高密度聚乙烯挤出物，比重为 0.960
接头安装表面准备	无毒螺纹密封剂和无毒植物润滑剂
联合间隙填料	5 型波特兰水泥砂浆，用于水下修复和灌浆
管道表面凝胶	100% 固体环氧无毒修补凝胶或等效物
内部接头密封	适用于饮用水

密封接头须保证以不会损坏或变形的方式包装运输，并且必须保持特殊的预防措施，直到密封件安装在主密封件内。密封圈必须在室温下存放在干燥的环境中，且不应让它们暴露在阳光下。

在安装之前，接头密封应由操作员或经过认证的安装人员进行彻底的外观检查，并特别注意接头密封的带肋（唇形密封）部分。如有疑问，在问题解决之前不应使用接头密封。

8.2 内部接头密封件的安装程序

所有涉及管道内部工作人员安全的程序必须按照适用的安全规定进行。内部接头密封件的安装程序为：

（1）接头准备。经验表明，通过手工刮擦和刷洗，可以从接口周围的管壁上除去大多数有害沉积物，对于顽固沉积物或硬垢分层需要电动工具去除。无论采用哪种方法，须尽可能干净，以便为操作员提供可接受的工作环境。接头连接本身必须是完全干净的填缝料。

（2）联合填充。接头用波特兰水泥填充整个间隙空间，并与管道的内表面齐平。在表面准备密封之前，应从接合区域除去所有多余的材料和溢出物。联合填充操作应始终在最终准备之前进行。

（3）接头区域的表面准备。必须准备好实际唇形密封件接触的接头两侧的管道区域。最终表面处理必须使唇形密封件能够始终如一地铺设，以便提供永久性密封。

1）必须去除形成轴向穿过密封表面或部分穿过密封表面的表面缺陷的所有高点和低点。深瑕疵必须用经批准的化合物填充，必须使用平滑材料以匹配关节区域的表面。

2）允许使用圆周磨痕，但深度不超过 0.76mm。

3）接头两侧的准备区域的范围必须与唇形密封相容，并且准备区域必须至少延伸至密封肋部分任何一侧 25mm。

4）管道应标有油脂粉笔，以确定准备区域和密封位置。

注意：需强调良好表面处理的重要性。

（4）表面润滑。在安装密封件之前，必须立即用干刷清洁该区域，并涂上与内部接头密封组件相容的无毒润滑皂。使用普通的漆刷将润滑剂手工施加在整个制备区域上。必须注意不要从未准备好的表面吸收灰尘沉积物，并将它们沉积在润滑剂中。润滑剂纯粹是安装密封件的辅助工具，并且对于其密封能力没有任何影响。在使用润滑剂产品之前，请确认其与饮用水接触的可接受性。

（5）定位密封。确认密封未损坏，将测试单元（阀杆和支承螺母）拧紧至 1.7~1.9N·m 的扭矩，并符合制造商的建议。内部接头密封件位于桥接接头间隙的位置，由先前绘制的粉笔标记引导，密封件必须准确定位在准备好的区域上。密封件中的测试单元必须位于 9 点钟或 3 点钟位置，或者按照制造商的建议设置。

上文所提到的测试单元通常称为阀。该组件具有显著的密封性能，通过安装塞子来密封，再将支撑带（如果需要）放置在密封件后面的接合区域上。

将其中一个固定带固定后，该组件将更容易安装。

（6）定位固定带。在将不锈钢固定带放置在密封件提供的凹槽中之前，两个 1.22mm 不锈钢径向垫片放置在带隙处的这些凹槽中，以提供一个桥，当带膨胀时，该桥将继续传递到内部接头密封的径向载荷。两个带钢暂时锁定在适当位置，其两端均匀分布在弹簧钢垫片上。钢带尺寸和材料根据直径和管道产品的不同而不同，但常用的钢带为 4.8mm×51mm 的 304 不锈钢或 316 不锈钢。

（7）将密封件扩展到位。环形膨胀机液压膨胀装置的作用是对保持带施加正确的压力。

1）将膨胀机与固定带对齐时，应确保带子保持在密封的凹槽中不会移动或移位。还要确保扩展器在两个平面中正确定位。例如，如果通过触摸倒置处的带子来放置扩展器，则扩展器可以在全压力下锁定而不会在密封的顶部施加任何负载。

2）膨胀机通过泵压力表上的预定压力（在泵规上不超过 31027kPa）进行径向膨胀，将所需载荷传递到保持带和内部接头密封。

3）表 8-2 给出了各种密封尺寸的带压，该压力保持至少 2min。

表 8-2　保持器带膨胀压力

直径/mm	气动扩张器/kPa	液压扩张器/kPa
406	2758	18616
457	2758	18616
508	2758	18616
610	2758	18616
762	2758	26200
914	2758	26200
1067	2758	26200
1219	2758	27579

注：406～1219mm 带是一体式单元。

4）膨胀机中提供的空间暴露了固定带的防滑钉。楔形的固定件安装在扩展带端部的暴露间隙之间，选择其尺寸在带端之间产生轻微的过盈配合。在内部接头密封的压缩位置处将楔子嵌入前端，楔子的半径要与管道直径匹配。

5）压力从膨胀机释放，并且在密封件的第二保持带上重复该过程。

6）在第一次膨胀后至少1h后，必须完成整个再膨胀操作。这种预防措施允许可能发生的任何密封松弛，在这种情况下通常可以安装略宽的楔形件。膨胀机传递的载荷力是根据试验数据确定的，不应通过改变密封中心的压力来改变。

（8）超宽和双宽密封。安装程序与标准密封件相同，有时在密封件的中心放置额外的固定带（内部带）以提供额外的支撑，这与管线深度和渗透的可能性的函数有关。

（9）测试密封 – 测试1。对每个密封件进行两次单独的压力测试。在第一次测试中，通过内部接头密封中的阀门将空气以34kPa的压力引入密封件中。当肥皂水施加到密封件的外边缘和整个主体上时，该压力得以维持。必须保证密封件无泄漏，由不断增长的气泡或气泡流表示。

（10）测试密封 – 测试2。在每个部分完成并且当密封件有时间设置后应用第二个测试。在69kPa的压力下引入空气，但是在密封件的中心上安装限制装置用来防止较高压力下发生过度膨胀。肥皂水再次用于检测任何泄漏情况下密封的状况。

在固定带的液压扩张过程中应注意，由于密封的冷流，保持带的液压膨胀需要较慢的膨胀率。以缓慢的速度施加膨胀压力，直到达到最大允许的表压，快速扩张会导致固定带损坏。在某些管道材料和管壁厚度中，可以根据制造商的建议调整膨胀压力，适当地对唇形密封件进行清洁。

（11）测试超宽或双宽密封。应进行类似于标准密封的测试程序。但是，如果在没有中央约束装置的情况下进行试验，则必须小心确保试验压力不超过34kPa，以便检查密封体。在较高压力下，过度膨胀会导致直径较大的密封接头在密封面偏移。对于直径非常大且使用多节段保持带的密封件，在没有中央约束装置的情况下，不应进行高于34kPa的测试。

（12）完成封条和报告工作。完成密封工作为接口泄漏问题提供了长久可行的解决方案。最后，应提供完成报告，详细说明每个印章的类型和位置以及任何其他修理/修复活动。

9 碎 管 法

9.1 历史

碎管法是一种完善的非开挖管道修复或更换的方法，已在美国使用了几十年。该工艺最初是 20 世纪 70 年代后期在英国开发的，作为替换天然气管道的工艺，无需为整个现有路线挖掘沟槽。碎管法管道破裂过程属于非开挖换管形式，用一根直径相同或更大的新管道取代原来的管道。随后该工艺开始在美国进行，也被用于替换供水和废水管道，现有直径在 100～1000mm 之间的水管已在美国成功应用。自 1994 年以来，美国使用碎管法已经替换了超过 6000km 的管道。本章重点介绍现有供水管道的碎管法换管过程。

9.2 流程概述

爆管过程包括气态（气动）或静态（液压动力）爆破系统，使用该方法破裂或分裂现有的水管，同时扩大周围土壤区域并拖拉安装相等或更大直径和压力等级的替换管道。气动爆管工具通过使用恒定张力的变速绞车拉动穿过的水管，绞车的尺寸取决于管道直径、运行长度和土壤条件。绞车用于引导并提供正恒定张力，使工具和更换水管向前移动。静态碎管法系统将杆推入现有的水管中，然后连接到辊式切割机（根据主管材料的需要）、膨胀机和在此过程中被拉入的新管道。碎管法工具设计的目的是利用现有管道作为替换管道的导向对准，当工具和更换管道往前移动时，破裂工具移动通过现有管道，同时破碎或分裂现有管道并将原始管道材料压缩到周围土壤中。膨胀机连接到被拉入的新管道，其外径略大于新管道，这就允许在替换管道和周围土壤之间产生小的临时环形空间。产生的环空非常依赖于现有管道周围的土壤类型，根据现有管道的原始安装要求，可压缩管道回填材料（例如沙子或砾石），也可以使用爆破工具扩展主水管周围的区域以形成环形空间。

碎管法制造商有一个精选清单，设计提供用于主水管替换的产品。此外，许多制造商都有几种不同型号的碎管法工具和专用配件，可适应现有总水管的管径和材料的爆破。目前使用的管道破裂系统基本上有两种类型：

（1）气动爆管压缩空气动力系统；

（2）静态碎管法–液压动力系统。

碎管法系统的选择基于现有主水管和安装的替换水管的管道材料、土壤条件、覆盖深度、运行长度以及其他公用设施的距离等条件。

9.2.1 气动管道爆裂

在气动系统中，爆破工具是一种由压缩空气驱动的土壤位移锤。膨胀机安装在气动锤的后部，气动锤组件通过插入坑发射到主管。爆破工具与恒张力变速绞盘缆绳断开连接，缆绳放置在位于接收点的现有总水管内。绞盘的恒定张力使工具和膨胀器保持与管道的完整部分接触，并在主管内居中。绞车张力与锤子的冲击力相结合，有助于将锤子和扩张器保持在现有管道中心内。锤击和锥形头部的冲击动作类似于将钉子钉入墙壁中，每次锤击都会使钉子推进一段距离，而每次冲程都会破裂并破坏现有管道。膨胀机与冲击动作相结合，将碎片和周围的土壤推开，为新管道提供空间。

9.2.2 静态碎管法

静态管道爆裂的过程是通过插入现有管道的钢拉杆组件将拉力施加到膨胀机上，膨胀机将水平拉力转换成径向力，从而使现有管道破裂并扩大空腔，为新管道提供空间。杆使用不同类型的连接带连接在一起，当杆到达插入凹坑时，爆破头连接到杆上，新管道连接到扩展器的后部。

液压动力单元为静压管爆破系统提供动力，一次拉动一根杆。随着管道的前进杆部分被移除。膨胀机和新管道用杆拉入，使现有管道破裂并将碎屑推向周围土壤。该过程一直持续到爆破头到达接收坑，然后与新管道分开。

9.3 碎管法取代供水主管

碎管法工艺在原来的基础上改进，以取代以下构成的主管：（1）聚氯乙烯（PVC）；（2）球墨铸铁；（3）铸铁；（4）钢铁；（5）钢筋混凝土；（6）石棉水泥；（7）混凝土。

事实上，几乎所有现有的主管材料都可以用非开挖的碎管法替换。

大多数老化的漏水管道都有维修配件或已使用机械联轴器或360°修理夹具替换短管段，爆破时应特别注意这些修理部分。碎管法的静态方法是针对供水管道碎管法的首选方法，应使用专用切割机，以提高爆破成功率。

9.4 碎管法之间的差异

9.4.1 与传统明挖替换的比较

当管道较浅并且挖沟不会造成不便时，明挖替换可能是管道更新的优先选择。然而在大多数情况下，碎管法与明挖替换相比具有显著的优势。

在更大埋深管道的更换方法中，碎管法的显著优势是：节约了更大埋深的管道通过额外的挖掘、支撑和脱水等增加的露天更换的成本，覆盖深度在 1.2 ~ 2m 之间的自来水管，还可以根据线路上的情况和支管数量，使用开孔爆管来节约成本。此外，随着地下天然气，高速电缆和光纤设施的推进和扩展加剧了地下管线空间的拥挤，需要保留足够的地下空间以供将来使用。通过利用现有的管位，不需要新的土地空间，并且可以通过先前打开的地沟进行施工。当管道铺设在新的位置时，用可流动式灌浆将废弃管道保留在原位，会使未来的地下建筑复杂化。

由于更少的交通干扰；更换时间更短；更少的供水中断；减少环境干扰；节省地面铺设费用；低碳排放的"绿色利益"和其他社会效益。管道爆裂通常比开放式更换产生更少的地面干扰。交通中断和商业中断等社会成本、开放式切割时间长、路面寿命缩短、环境破坏等都会增加明挖施工的总有效成本。在合同价格方面，当碎管法成本与典型的开放式项目相同或略高，总有效成本的降低使得管道爆裂法非常具有吸引力。

9.4.2　与其他修复方法的比较

非开挖技术是一种地下施工方法，几乎不需要表面挖掘，也不需要连续的沟槽。它是建筑和土木工程行业中一个快速发展的领域。非开挖技术可以定义为"能够用于安装新的或替换或修复现有的地下基础设施的一系列方法，对地面交通，商业和其他活动的干扰最小"。非开挖修复方法通常比传统的挖掘和替换方法更具成本效益。

管道破裂方法被提议作为下水道和给水管道修复方法的有利替代方案，例如 CIPP 内衬，其使用符合现有管道内径（ID）轮廓的衬管来固定现有管道，同时减少其厚度。虽然重新安装方法不提供对现有管道的挖掘修复，并且遵循现有管道的等级和轮廓，但是碎管法可以安装具有设计口径的新管道。如果用于校正现有管道中的偏移接头或偏差，该法可能更有优势。

碎管法与其他非开挖修复方法（例如 CIPP 内衬、FIPP 内衬、穿插内衬、螺旋缠绕等）相比，一个显著优点是能够增大现有地下管线的管径，从而增加输水能力。碎管法是唯一可以通过安装相同或更大口径的新管道来增加管道输水能力的非开挖方法。

水泥砂浆内衬和聚合物内衬是其他的方法，允许供水系统使用离心铸造水泥砂浆、环氧树脂内衬清洁和重新铺设现有铸铁、钢或球墨铸铁管，从而恢复原始管道输水能力和减少进一步腐蚀。然而，这些方法对老化管道提供的结构支撑很少。需要对管道进行广泛的清洁以去除结垢，而对于静态管道爆裂系统，实心杆设计允许通过严重结垢的管道插入而几乎不需要或不进行清洁，从而减少了制备成本和系统的中断时间。管道爆裂将允许安装具有更大直径的新管道，从而显著增加管道输水能力和潜在的工作压力。新安装的水管可承受压力高达1MPa。

预氯化管爆裂是建立临时供水管线的替代方案，允许新安装的管道在安装前进行压力测试，在安装前消毒，允许快速安装和重新连接，通常在一天内完成。对于在非常差的结构条件下，现有管道的非开挖改进或者其他修复方法不适合的情况，碎管法可能是唯一的选择。

9.5 项目执行建议

对于任何管道建设项目，都需经过全面规划和详细设计促进建设的成功，除非出现任何不可预见的问题。计划的项目设计应识别当前与任何建议的服务连接、现有的阀门、消防栓和配件，以便在碎管法操作开始之前对它们进行定位、挖掘和暴露。应准备一份岩土工程报告，评估沿主干管的现有土壤特征（类型、压实、强度和压力），提供有关现有水管上方和沟渠外部土壤条件的信息，以便将信息纳入项目规范。

一旦收集了有关现有条件的信息，设计人员应联系多个碎管法工具制造商，讨论项目及其条件，并获得有关工作指定工具的建议或制定关注列表，以便客户代理了解施工期间可能出现的任何潜在问题。

在水管改造期间，很可能需要用临时饮用水旁路系统来维持现有客户的供水服务。对于在这项工作中有经验的代理商和承包商来说，这个过程是常规的。许多人认为安装临时旁路系统，并在每个服务连接处进行挖掘会使管道破裂成本更接近开放式换管，但即使有这些额外的服务，根据条件的不同，碎管法的成本还是平均比开放式换管节省15%~45%。有关旁路或项目/社区沟通职责的详细信息应在项目合同文件中列出，以便承包商了解履行职责所需的任何责任。

一旦找到所有供水系统连接点，就应该在碎管法操作开始之前进行挖掘，完全断开并与现有水管隔离。在安装、消毒和压力测试完成之前，不应将维修连接点重新连接到更换的水管道上。

如果要使用碎管法进行更换，水管附近的所有其他公用设施管道和地下结构，应在开展工作之前进行挖掘（或挖洞）并露出。根据现有土壤特性和所安装管道的最终直径，可能需要额外的距离以防止安装过程中对附近公用设施或结构造成损坏。很明显，在有足够地下空间的情况下，爆破的现有管道和其他结构之间的突然移动，不会通过土壤传递到相邻结构，减少了任何意外损坏的可能性。

大多数管道破裂过程不需要清洗现有的管道内部，除非在出现严重结垢或内部障碍的情况下，无法将拉线或推杆穿过现有管道，可能需要对水管进行一些清洗，而现有管道中任何现有的生物膜或沉积物都被简单地推入周围的土壤中。

安装新水管需要进入挖掘。沿着现有的管道对齐进行挖掘，以便从项目现场移除所有现有的阀门、配件和其他已知的障碍物。与任何水管更换项目一样，应挖掘工作坑的土壤和植被并合法处置。根据现有水管的情况（方向的突然变化，所提出的管道爆裂的长度等），确定是否需要从中间进入挖掘。挖掘应以现有水管为中心，在现场进行验证，并于项目施工前与客户确认。

9.6　更换管道材料

目前，有多种替代水管主管材料可用于碎管装置，常见的有高密度聚乙烯、约束接头球墨铸铁管、可熔 FPVC 和限制接头 PVC。

最初，聚乙烯材料是用于替换水管的产品。应使用对接融合方法在工作现场组装和连接切片。根据管道制造商和对接、熔接设备制造商概述的程序，对接熔合过程由具有使用适当夹具和工具先前经验的合格操作员在现场进行。每个对接、熔接接头应光滑、均匀、双滚道，同时在熔合过程中施加适当的熔体、压力和对齐。必须注意不要在更换的水管通过原始管道的爆裂碎片时损坏更换的水管。在爆管操作开始之前，更换水管应由公用事业人员检查，使用相同的对接熔合工艺焊接 FPVC 管。

其他管材，例如接合的球墨铸铁或约束接头 PVC，允许在管爆裂操作期间一次组装一定长度的主管，此过程称为药筒装载。一个好处是，该过程将允许更换的水管安装而无需占用像对接、熔接、焊接类型的管道修复更换所需的冗长铺设区域。这在城市环境或不允许长管道铺设区域的场所中得到很好的应用。

类似于明挖施工用水替换项目，合同文件应清楚地概述可接受或机构批准的水管替换材料要求以及是否允许替代。

压力测试和消毒应按照与所有水管安装相同的程序详细说明安装更换管道。更换管道完全安装、消毒和压力测试后，合同计划中指明公用设施确定的所有现有有效服务应重新连接到更换管道。

9.7　结论

碎管法是一项成熟的技术，在现有自来水管的非开挖中有着悠久的历史。如果现有地下基础设施的生命周期到期并且故障发生率达到惊人的水平，碎管法是有效用于为公共生活和健康所必需的关键公用事业，提供长期服务的有效方法之一。随着碎管法日益增长的需求，作为唯一可以增加现有管道尺寸的非开挖方法，无论是在下水道、供水、天然气或其他公用事业市场部门，碎管法都非常适合日益增长的额外输水能力需求。

由于公共意识的提高和可用于关键基础设施恢复资金有限，公用事业应使用减少社会中断和环境影响的方法，并通过利用提供短期和长期更好产品的技术为未来的输水需求做好准备。

与任何成功的建筑项目一样，碎管法项目需要良好的预先计划，仔细督察工作进度、制造商和承包商的经验以及施工期间的关键监测变量。良好的安装能够为业主和社区提供额外的容量并且能够服务多年。

10 修复服务质量

如何恢复服务支线会对项目成本和进度产生重大影响。根据所采用的修复工艺类型不同，产生的效果也会不同。对于喷涂内衬，侧面支管服务的恢复非常简单。对于其他类型的修复，横向支管服务恢复可能涉及外部挖掘或远程控制的内部管道"机器人"，在过去几年中，该领域取得了重大的技术进步。

10.1 喷涂内衬的横向支管复原

10.1.1 水泥砂浆内衬

对于水泥砂浆内衬，维修恢复非常简单。在这种久经考验的方法中，唯一的问题是重新设置侧向开口，即在横向连接处的内衬上开一个孔。通常，水泥砂浆在其施用期间会堵塞侧向开口，从而阻碍水流向用户。在砂浆完全凝固之前，通常通过从管道的仪表端向下引导压缩空气或水的喷射防止堵塞。

10.1.2 薄聚合物内衬

聚合物内衬（环氧树脂，聚氨酯和聚脲）最常用的厚度约为 1mm。在这个厚度下，服务恢复甚至更简单，侧向开口通常不会发生内衬堵塞，因此不需要努力重建开口。与水泥砂浆内衬一样，这些薄内衬主要用于保护管道内表面免受腐蚀，只要内衬能很好地黏附在管道上，就不需要横向管道和内衬之间的直接连接。

利用标准工具和技术同样可以实现利用薄聚合物内衬修复水管中的新服务。在某些情况下，建议使用孔锯或非常锋利的钻头，以确保内衬干净地切割而不会从管壁上脱落。

10.1.3 厚的聚合物内衬

快速凝固聚合物（聚氨酯和聚脲）的开发使得管道内衬的应用比标准的 1mm 内衬厚。最近，已经应用了厚度范围为 3～5mm 的内衬，是因为作为半结构修复内衬这些较厚内衬具有更大的能力来克服主管中的弱点。然而，在它们的应用中，这些较厚的聚合物内衬可能堵塞侧向开口，特别是开口位于管道侧面时。与水泥砂浆内衬一样，将常规的压缩空气喷射到侧面，可以确保不会发生这种堵塞。

当将新设备接入衬有厚聚合物内衬的总水管时，有必要采用锋利的孔锯或钻头，以防止内衬从管壁上脱落。

10.2 非固定应用内衬的支管安装

对于非喷涂的内衬，恢复服务横面通常需要外部挖掘或内部管道机器人。对于这些半结构和结构内衬，横向恢复需要 3 个基本步骤：

（1）找到横向开口。对于外部连接，找到横向开口通常相当简单，使用标准管道定位装置，然而对于内部连接，问题则比较复杂。非喷涂内衬覆盖横向开口，通常使它们难以从管道内定位。如果服务支管伸入管道，有时可以使用 CCTV 在内衬找到凸起，但与废水横向管柱不同，因为直径太小，在服务连接处通常看不到内衬的凹坑。为了克服这个问题，已经开发了精密技术，在内衬修复发生之前映射横向位置或者在之后检测它们。已有公司使用电磁无损技术来检测内衬下方的横向位置。

（2）重新建立横向开口。对于外部连接，该步骤通常很简单，通常涉及标准的攻丝工具和技术。对于内部连接，此步骤将更为复杂，虽然已经开发了几种不同的管道机器人来切割水管中内衬的孔，但仍需要极高的精度，内衬的孔必须与横向孔完全对齐，横向孔通常非常小。因此，这项工作需要特殊的机器人。

（3）将横向开口连接到内衬或输送管。对于大多数非喷涂内衬系统，仅仅重新建立横向开口是不够的。如果内衬是结构性的或半结构的（即Ⅱ级、Ⅲ级或Ⅳ级），必须防止水泄漏到内衬和主管之间的空隙中。因此，需要内衬和新的承载管与横向管之间的正连接，这种正连接可以通过 3 种基本方式实现：

1）外部重新连接。这是一种传统方法。横向挖坑，用于其和内衬管或新的承载管之间形成新的机械连接。传统的坑必须足够大，以便开凿，大约为 90cm×150cm 的平面图，也可以使用如本章后面所述的锁孔技术挖掘更小的坑。如何连接取决于内衬/承载管使用的材料。例如，如果使用 HDPE，则通常使用电熔的自攻鞍座。

2）内衬与主管的黏合。如果就地固化内衬在横向连接处很好地黏附到主管上，则内衬和横向管之间可能已经存在正连接，具有良好的附着力，内衬黏合到主管上，主管又连接到横向支管。干净、干燥的基材和合适的黏合材料可以提供良好的附着力。

3）内部接头。在使用改进的（或紧密配合的）穿插方法的情况下，内衬和横向管之间的机械连接也可以从管内部进行。这种密封是通过自攻螺钉插入现有的丝锥完成。嵌件配有可压缩垫圈，可将嵌件密封到内衬，该设备利用远程控制的管道机器人安装。

而在重力废水管道的修复中，使用从管道内安装的各种灌浆、密封剂和就地固化嵌入物来完成横向连接的密封，这些目前尚未广泛应用于压力很高的供水管中。

当使用管道爆裂或松散的穿插方法时，需要从外部挖掘将侧管连接到新的输送管。为了减少这些挖掘对社区的影响、降低项目成本和缩短项目进度，应考虑锁孔施工方法。

锁孔施工需要从街道表面开始，在小的开挖范围内使用长柄工具完成工作。锁孔施工取代了需要大量挖掘工人的传统施工。通过使用锁孔方法，减少了挖掘和回填的数量，消除了对支撑的需求，并且大大减少了路面维修成本。使用锁孔技术制造的横向连接的典型占地面积为 60cm × 80cm。锁孔横向重新连接工序如下：

（1）使用管道定位设备跟踪服务线路和主管道，并在人行道上标记主/侧连接的位置，然后标记拆除的限制。

（2）使用锯、千斤顶锤或取芯工具破坏或切割路面。

（3）真空挖掘设备用于挖掘锁孔，集中在分水栓上方。主体的顶部和侧面暴露在外。

（4）旁路系统投入使用后，管道脱水，管道和横向之间的现有连接被切断（如果正在使用碎管法，则需要在插入碎管法工具之前执行此步骤，以防止损坏侧面）。

（5）在挖掘过程中放置一个小型交通板，等待管道爆裂或穿插操作完成。

（6）安装新的输送管后，使用长柄工具完成侧管与新主管的连接。

（7）压力测试完成后，回填挖掘并修复路面。由于挖掘的尺寸小，使用浆料回填是合适的。

10.3　路面堆芯和灌浆

采用锁孔技术时，还应考虑路面取芯。采用取芯而不是切割路面，可以避免应力集中，减少对路面的破坏。然后通过保留并重新插入抽出的试件，可以使用快速设置灌浆修复路面，保证路面不会被永久切割。在灌浆 30min 后，路面维修结束，即可准备恢复交通。

10.4　用于横向重新安装的管道机器人

当使用紧密结构或半结构内衬进行修复时，可以使用管道机器人重新建立横向开口，并且安装从衬套到侧面的连接。下面描述的方法是由一家管道修复公司开发的，用于安装紧密贴合的 HDPE 内衬之后的恢复服务。

（1）在水管安装内衬之前，旁路供水系统投入使用后，管道机器人通过铣削任何突出物进入主体来准备现有的分水栓，并将分水栓内部的钻孔统一到相同的内径。镗孔和铣削必须沿逆时针方向进行，以避免分水栓挡板松动，并记录每个分水栓的位置。

（2）安装内衬后，远程现场电磁技术（也称为涡流技术）用于精确检测每个分水栓的位置。

（3）使用铣刀、管道机器人切掉覆盖在节流阀上的内衬。

（4）通过管道机器人将自攻嵌件拧入节流阀。插入件基本上是一个短的接头件，一端带有法兰，另一端带有外螺纹。螺纹属于反向螺纹，因此固定总成止动块时就不会从主止动块上拧下总成止动块。在插入件的法兰部分下方是可压缩的环形摩擦密封接头。当插入螺纹进入分水栓时，橡胶密封件抵靠内衬的内壁变平，形成防水密封。

11　阴极保护改造

　　腐蚀是一种电化学过程，其中金属被还原成更自然的氧化态。腐蚀控制要求能够改变和监测管道表面电化学状态的变化。对管道结构进行适当的腐蚀控制设计和实施可以实现经济有效的控制和监控，同时最大限度地减少对管道运行的干扰和对相邻结构的干扰。

　　与石油和天然气工业相比，自来水公司行业在本质上是不同的，阴极保护在水工业中的应用是选择性的，仅用于降低泄漏率和资产保护。

　　新管道和现有管道之间的腐蚀控制建议也有所不同。对于不可能选择材料和涂层应用的现有系统，阴极保护是减少腐蚀相关问题的有效手段。阴极保护的应用意味着承诺维持腐蚀监测计划，以确保阴极保护系统继续提供必要的保护水平，并且保护不会随着时间的推移而减少。

11.1　现场测试

11.1.1　管道土壤间电位

　　管道到土壤的电位测量是腐蚀工程师的基础工作。电位测量可用于评估未受保护的结构被腐蚀的可能性，来自外来管道的杂散电流以及评估阴极保护系统的有效性。对潜在数据进行严格评估是必要的，以便延长管道的使用寿命，并根据需要增加或调整腐蚀减缓方法。

　　正确评估阴极保护结构与非阴极保护的管道－土壤电位同样重要。NACE 国际标准 SP 0169—07 提供了三个评估使用管道到土壤电位的阴极保护（CP）系统有效性的标准：（1）相对于饱和铜/硫酸铜参比电极至少 850mV 的负电位应用CP；（2）相对于饱和铜/硫酸铜参比电极至少 850mV 的负极化电位；（3）在结构表面和接触电解质的参比电极之间至少有 100mV 的阴极极化。

　　为阴极保护结构选择合适的管道－土壤潜力标准是业主应该考虑的问题。例如，通过改变标准，可以延长整流器电流容量、阳极寿命和经济效益，并减少潜在杂散电流对邻近公用设施的影响。

11.1.2　土壤测试

　　确定土壤腐蚀性的主要因素是电阻率。土壤的电阻率是其对电流流动阻力的量度。埋地金属管的腐蚀是一种电化学过程，其中由腐蚀引起的金属损失量与从金属到土壤的电流（DC）流量成正比。遵循欧姆定律，腐蚀电流与土壤电阻率成反比。较低的电阻率是由较高的水分和可溶性盐含量引起的，表明土壤具有腐蚀性。以下介绍用于腐蚀性测试的几种技术，应由经过培训和认证的专业人员操作。

11.1.2.1　电流连续性测试

管道电流连续性不仅可以促进功能性测量系统，还可以减轻杂散电流干扰，并提供足够的监测和测试水平。管道的电连续性可以通过利用以下过程中的一个或多个来确定：（1）使电流循环通过管道并将管道电导结果与理论值进行比较；（2）应用临时阴极保护系统并监测跨度的响应；（3）施加临时阴极保护电流和测量两个电极之间的接地梯度；（4）中断现有的阴极保护系统并监测测试站的电流；（5）用合适的调谐管道定位器跟踪管道；（6）用管道电流映射器测量电流。

11.1.2.2　阴极保护电流测试

测量保护结构所需的阴极保护电流量的最准确和理想的方法是测量通过安装和操作临时阴极保护系统实现保护所需的实际电流量。所提供的电流测量和结构－电解质电位响应用于计算保护结构所需的电量。

11.2　系统设计

管道的阴极保护电流可以由电流阳极或外加电流系统提供。通常，在电流要求低且土壤电阻率小于$30\Omega \cdot m$的情况下使用电镀阳极。用于埋地或浸没式应用的电偶阳极材料包括铝、镁和锌。土壤或水的电阻率、化学性质以及应用将决定需要哪种类型的阳极材料，在进行管道修复的地方一般应用电镀阳极。即使在电流连续性受限的情况下，阳极也可以保护产生问题的一部分管道中。

在土壤电阻率高或电流要求大的情况下，阳极也能保护一部分管道，因而设计了外加电流系统。外加电流阳极材料包括石墨、高硅铸铁、混合金属氧化物、铂和钛。外加电流系统的当前要求是通过现有管道的现场测试，或者使用适用和批准的新管道的当前要求密度进行估算。整流器的尺寸应使安培数额定值能够提供所需的电流，并考虑到未来的涂层劣化。制造商对外加电流阳极在已知输出电流下的预期寿命进行评级。根据测量或估计的电流要求和制造商数据选择阳极的尺寸和数量。

要考虑的其他阴极保护设计因素包括绝缘接头、试验站、永久参考电极、联合粘接、远程监控、回填、通行权限、交流电源的可用性、业主偏好、干扰，电力成本以及地方、州或省规定，并且易于更换消耗的阳极等。

项目图纸和规格应由合格的腐蚀工程师审查，以确定是否正确纳入了初步文件审查、腐蚀性评估和现场测试的腐蚀控制。基于评审的任何更改都应由合格人员再次审核，以维持项目质量保证/质量控制要求。

11.3 测试和维护

测试和检查应在施工中和施工后进行，但在施工合同完成之前，应确定承包商是否正确安装了设计的腐蚀控制设备。

阴极保护系统一般不进行维护强化，但电偶阳极需要由操作人员定期进行年度检查。外加电流系统通常需要每月记录整流器输出（电压和电流）。这种对外加电流系统的简单监控活动最大限度地降低了系统无意中关闭或不可操作的可能性。新的外加电流系统可以安装集成的远程监控和控制系统，可以从中央位置通过调制解调器或卫星上行链路进行数据收集和发送。

建议由合格人员或承包商定期对电流和外加电流系统进行调查，以便在必要时验证和调整防护等级。调查的频率应根据历史信息和数据以及所有者的偏好和预算限制进行审查。

数据收集是开发腐蚀控制信息数据库的第一步，这些信息构成了开发长期腐蚀维护和控制程序的基础。

12 管 理 步 骤

任何供水和配水恢复项目的项目管理包括确定客户关系问题，在合同文件中提供良好的客户服务，并衡量项目完成后获得的利益。在项目的规划和执行过程中，采取一些措施十分必要，在开始这些项目之前，公用事业单位必须非常清楚地理解这些措施。

12.1 客户/社区关系

所有供水系统最重要的长期运营或维护方面之一是水司与其客户之间的关系，部分是通过水司维持长期可靠的供水服务。在这方面，住宅和商业/工业客户必须了解可能影响其供水的任何项目的一般性质。水司应在预定项目之前及时有效地向客户提供此信息，提前通知允许客户在开始实际的修复工作之前提出问题并解决问题。在信息交换期间应提供修复承包商的名称和联系方式，规划和实施良好的客户关系计划与规划对实际的修复工作同等重要。

根据水司的偏好，如果在修复衬砌技术期间没有使用水系统旁路，则可能需要根据具体情况使用沸水。

12.2 项目通知

无论类型如何，通知都应强调项目的必要性，并解释施工期间会发生什么。建议使用描述该项目的信函，包括绕行和局部区域的详细信息。通知文件应在施工前约一周交付给项目区内和附近所有住宅和商业客户。需要特别注意的是客户的通知必须单独提供，并确保客户确认。此外，可以在影响工作开始之前立即使用解释项目并提供停电通知和日期扫描。应向客户通知企业停电至少48h，居民停电24~36h。水司还应在其网页上建立一个专栏，该专栏经常更新项目和施工信息，以便客户随时了解情况。

该项目应通知应急服务提供者，如护理人员或救护车公司。还应通知其他公共和投资者拥有的公用事业单位，如污水、天然气、电力服务和电信（电话、电缆和光纤电缆）公司，以便在水管线项目和任何其他预定的公用事业工作之间进行协调。在所有通知中，应向各机构提供详细工作的地图和拟议施工进度表。项目进度或地点的任何变化对于公众和受影响的机构而言都与原始信息一样重要，并且应在变更时立即发出。可以联系当地商会或其他当地商业团体以获得帮助，以便向商业社区提供有关项目、时间表以及影响和效益的信息。如果项目位于商业区域，在商店橱窗中张贴通知可以帮助避免对企业中断供水的投诉。此外，还应让地方政府代表了解该项目及其细节。

所有通知应包括每周 7 天、每天 24h 有效地实时紧急电话号码。项目规范应要求承包商提供紧急联系人员和电话号码。客户无法报告紧急情况或投诉有关供水服务的问题时，可能会严重损害良好的客户关系。根据项目的规模和受影响的客户数量，除了施工总监以外，可以为公众提供联系人。如果项目需要私有财产以断开计量表并连接临时服务线，则应明确通知讨论工作的需要、时间表以及工作的执行方式。以便协调无法预料的情况，如对责任的误解以及任何可能不友好的纷争。

与客户服务的任何方面一样，后续工作极为重要，即使在非工作时间，人员也必须能够及时响应所有呼叫。最后，应在开始修复工作之前建立处理损害索赔的政策和程序。强烈建议在开始私人财产工作之前对私人财产状况的区域和视频文件进行调查。工作结束时，客户满意度调查将揭示所有问题和未来工作的可能改进领域。

12.3　沟通需求

在修复项目开展之前，通知用户的早期计划是一个重要的优先事项。该沟通计划的简单目标是让客户了解拟议项目将如何影响其供水、工作相关的利益、项目的持续时间（包括开始日期）以及拟议项目将如何影响其日常活动。

保持良好的客户/社区关系的第一步是确定谁将受项目影响，应审查项目限制，特别注意实际中断和系统隔离点。一条街道的修复项目由于系统管道布局或其他操作问题，实际上影响了多条街道或整个社区。其次，应创建整体项目进度表，以便在实际工作之前和期间分发广告和公告。这种协调需要仔细关注每日和每周信息的发布时间表以及广播和电视台的广播时间表。同样重要的是，项目通知应在施工开始前大约三周发送给公众，每周发送一次。这个过程将为个人和企业提供足够的时间来规划活动，并采取措施重新安排可能出现的所有特殊情况，并在施工前直接与水司沟通。项目经理和施工承包商的联系方式和项目信息也可以公布在水司的网站上。

审查受影响的客户列表也很重要。水司应检查确认是否有任何需要特别通知的客户，例如医院、学校、疗养院、公共机构等。

当要完成的工作影响历史区域、特殊商业区或极其繁忙的分区时，应举行公开会议来介绍该项目。在会议期间，可以解释项目的需求、好处以及整个过程。会议主要公布时间表（项目进程安排）、承包商的名称和联系信息以及其他重要信息。此次会议将使受影响的客户有机会提出问题，并可能因为消除对要完成工作的误解而减少收到的投诉电话。它还显示了与社区合作的意愿，表明水司希望保持目前的配水基础设施。

大多数公用事业工作会导致一些交通中断，应确定是否需要临时绕道，应该在报纸、广播、电视、网页和其他出版物上识别公路和公共通知，以便通知公众，当地交通区和应急响应机构应快速了解工作区并避开该区域。此外，工作区域应妥善设置障碍物并张贴警告通知。必须遵守所有关于沟槽/坑挖掘和交通指南的安全规则。

除了与个人客户联系外，整体社区关系同样重要。警察、交通管制人员和过境区代表必须参加规划会议，以讨论工作时间表。消防部门还必须了解该项目以及对紧急打开消防栓或街道封闭的任何影响。在开始修复工作之前，应将用于移除服务的消防栓覆盖住，或以其他方式标记表明其不可用。

12.4   问题的应对方式

为确保及时处理潜在的施工问题，应在合同文件中加入特定的语句。例如应包括对问题的响应要求，对客户的通知、通信和站点维护等项目。

最好在工作现场设立专门的现场工程师或检查员。为了确保尽快解决出现的任何问题，对于非常大的项目，还应专门设立监察员或公共关系人员。应为现场工程师或检查员配备有关联系方式，以便客户可以提出问题。一旦发现问题，现场工程师或检查员以及承包商应共同努力解决问题。确定个人责任和响应时间表，以便敏感问题得到及时解决。

任何非工时问题都应该有联系人姓名，这将使承包商能够尽快对任何泄漏、服务中断或其他服务及项目运营问题做出快速响应。如果在夜间出现紧急情况，也应指派该联系人。

作为对所有客户关注点维护的一部分，承包商和公用事业检查员应维护客户响应数据库，列出已收到的所有问题以及所识别问题的日期、时间和解决方案，以便有助于减少未解决的呼叫数量。

12.5   合同文件

检查施工工作非常重要。施工检查的好处可以让现场工程师或检查员确保遵守合同文件并记录工作进度，此检查工作和文件将使业主了解项目进度。

合同文件应清楚地概述和定义要执行的材料或产品测试。第三方测试公司应测试和检查材料、设备和工作，以消除任何缺陷。并应向业主提供测试和检查的文件，以确保其符合要求。如果没有检查或测试特定的材料和设备，应建立业主和承包商之间的书面协议，或者删除未经测试的特定项目。如果业主要求，材料或设备应在项目使用前提交批准，进行验收或检查。

承包商应联系合同管理员/检查员提前通知对所有需要的材料进行检查或测试。如果没有提供检查，承包商必须向合同管理员提供所有材料测试的进度。承包商应向合同管理员/检查员提供适当的权限，以便进行观察检查和测试。

所有测试程序应由合同管理员/检查员审查并与承包商确认，所有材料、设备和工作应由合同管理员/检查员或其指定人员进行检查。如果任何材料、设备或工作的一部分不符合合同文件的要求，应予以拒绝或修理/更换，业主不承担任何费用。

12.6 建设后工作

12.6.1 视频检查

通常，应该通过闭路电视（CCTV）摄像机检查要修复的管道（主管）并记录视频。建议进行两次检查，一次是用于主管修复前（预 CCTV），另一次用于管道修复后（后 CCTV）。闭路电视设备应仅供饮用水使用，并应向业主代表提供此认证。可以在清洁过程之前或之后进行 CCTV 前检查，这取决于主管道的尺寸、材料和条件。在大多数情况下，在清洁主管道并去除障碍物后完成预 CCTV 检查。后 CCTV 的修复工作检查应在工作完成后进行，并且在将管道返回维修之前进行服务连接。

用于检查的预 CCTV 设备应该有独立的照明系统，图像质量须保证清晰，可清楚地显示管道的管壁。视频应具有与管道中设备的位置相对应的距离指示器。摄像师应注意任何未知的情况，例如障碍物或突起，这可能会损坏衬管或使安装困难。还应保留带有这些位置的书面记录和障碍物的简要说明。在修复管道之前需要去除其他干扰，立即向业主报告有关潜在修复工作问题的讨论，以便立即进行协调和决策。

后 CCTV 检查应该在整个修复产品安装的连续录像中完成。摄影师应注意修复过程中的任何明显凹陷或缺陷，应向所有者提供这些位置的书面记录以及新管道内缺陷的简要说明。此外，还应提供替换过程或建议维修以供讨论。如有必要，应与制造商参与讨论，提供有关缺陷的原因和解决方案的完整分析。解决管道（衬管）修复部分的任何重大故障，并确定解决方案。

12.6.2 建造后客户满意度调查

工程管理的另一个重要方面是进行项目前后检查和数据收集。这样可以在工作开始之前记录每个受影响客户的流量读数和水质参数，以便在工作完成时提供改进水平的基线。在修复过程完成后，恢复对客户的服务时，应再次采集流量读数和水质参数，并将其记录为最终项目报告的一部分。这除了受影响的人员所经历的改进服务之外，还提供了对所提供服务的增强验证。

建造后客户调查将指示承包商如何在社区内工作以及从公用事业客户角度完成项目的程度，它还可以用于向最终用户解释修复的好处。在完成修复工作后，应将此调查分发给受影响的各方（客户和代理商）。典型的评级类别包括即将进行的工作通知的充分性、所有服务关闭的预先通知、施工前后的水质感知、承包商礼仪与受影响社区的沟通效果、工作现场清洁度等整体表现。评级调查应分为至少六个类别，以便从社区获得如何为未来项目执行工作的充分反馈。

12.6.3　承包商绩效报告卡

确定承包商业绩的另一种方法是每月对承包商的业绩进行评级。合同管理员、工作现场工程师或检查员可以进行评级。执行评级的人应该资历最长并与承包商联系以确保评级准确，而不仅仅是作为一个时间点而开发的意见，这将提供最公平和最具代表性的评估。典型的评级领域可能包括为客户提供及时关闭通知的充分性；与其他受影响机构的沟通的能力；对现场问题的反应能力；有效规划和管理恢复工作；成功为公众及工作人员提供安全的建筑工地；保持工地清洁有序；恢复施工现场；参与解决任何成本纠纷。可以为每个类别分配一个字母或数字评级。

12.6.4　衡量/展示项目优势

管道修复的好处包括通过光滑的内衬（涂层）替换粗糙、腐蚀的内表面来提高水质。除此之外也消除了由于内部管道腐蚀导致的变色水以及破坏可能促使细菌生长的环境的隐患。管道的修复也增加了水流的流动特性，并且使用某些方法和材料可以延长管道的寿命长达50年。修复后的管道可以大大降低配水系统的能源需求。与传统的管道更换相比，管道修复还可以节约潜在的成本，具体取决于现场条件。根据所选择的修复技术和服务连接的数量，可以在更短的时间内完成修复，同时减少对客户的干扰。有效的计划管理和沟通是任何项目成功的关键，在项目开始之前以及整个过程中，利用先前列出的技术加强客户、承包商和业主之间的沟通，将为修复项目的成功奠定基础。

经过适当的研究、选择和利用，本书确定的修复方案将增强水司为其客户提供有效服务的能力。在水管修复中没有"一种方法适合所有"，出于这个原因，水工业专业人员已经开发了各种方法来协助水司以经济有效的方式向客户维持足够供应的饮用水。

13 国内非开挖管道修复技术的应用

由于如今管道的改造更新工作难度增大，管道非开挖修复技术因具有工期短、不影响交通、综合成本低等优点成为新的应用趋势。本章先梳理了国内外应用较多的城市管道修复技术，再结合国内应用的案例，详细介绍几种主流技术。

13.1 国内外主流的非开挖管道修复技术

管道修复技术的施工工艺选择较多，通常考虑腐蚀程度、施工环境、业主要求等因素后采用合适的方法，具体技术分类如图 13-1 所示。从经济和技术的角度来说，目前国内一般大管径适宜采用局部修复，而中小口径（DN700 以下）则主要采用整体修复。当前国内外比较主流的修复技术有紧贴内衬法（约占国内总工程量80%）、软管内衬翻道修复技术（约占国内总工程量10%）和不锈钢内衬法等。其他工艺实际应用较少，如短管法（Short Pipe）、滑动内称法（Sliplining）已逐渐被新工艺所淘汰。国内主流的管道修复技术的具体介绍见表13-1。

表 13-1　主流管道修复技术的具体介绍

修复技术	优　点	缺　点	适用管径/mm
U 形法	使用寿命长；耐腐蚀性能好；对旧管道清洗要求低；穿插过程顺畅；无需灌浆；施工时占用场地小	过流断面的损失较大；环形间隙需要注浆，但此间隙很小，操作难度大	最大口径可达 DN1600
缩径法	不需注浆；过流断面损失很小；可适应大曲率半径的弯管；修复距离长	主管道与支管间的连接需开挖进行；旧管的结构性破坏会导致施工困难	DN80 ~ DN1200（供水管道）
软衬法/翻管内衬法	施工工艺简单；施工周期短；施工占地小；一次施工长度可达 400 ~ 1200m；修复后管道寿命长达 50 年	对旧管道结构性要求高；地下管道在公路下埋藏较浅、活荷载长期作用场合的修复不宜采用此方法	DN50 ~ DN2700（供排水管道）
不锈钢内衬法	该法是金属内衬施工法的首选；质量稳定，施工操作性好；施工设备道路占用面积小；可在管外进行施工，施工性和质量好	长时间修复后，抗腐蚀性能降低；管件部位需要人工焊接；在非开挖管道修复技术中成本较高且不易降低	≥DN600（供水管道）

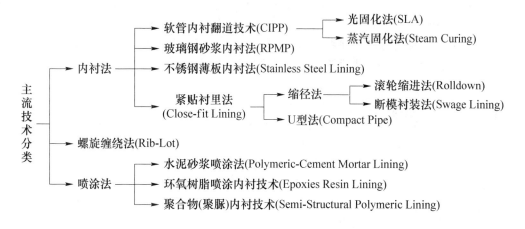

图 13-1　主流的非开挖修复技术名称、分类

13.2　管道内衬 HDPE 管技术的应用

13.2.1　技术说明

性能优异的 HDPE 管能大幅度地提高旧管道的承压能力、耐腐蚀性能和输送能力，而其成本仅为钢管的 40% 左右。因此，用内衬 HDPE 管修复在线旧管道，具有明显的经济效益和社会效益。尤其是在城市不可开挖地段对不能以老旧的管线进行重建的情况下，效益更为显著。

其施工流程如图 13-2 所示。

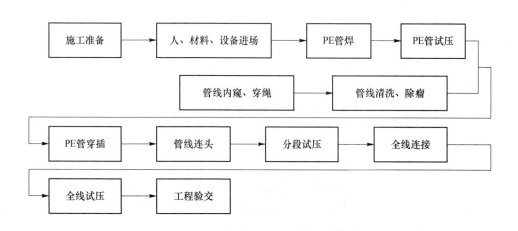

图 13-2　管道内衬 HDPE 技术流程

现以 Q 市水厂 DN600 供水管道内衬 HDPE 修复工程和 S 市江川路 DN500、DN700 自来水铸铁管道内衬修复工程为例，介绍管道内衬 HDPE 管技术在供水管道改造更新工程的应用。前者的修复管段较短，适合对工艺进行完整系统的施工流程介绍，后者的修复管段较长，介绍重点落在管段分段设计施工介绍及修复完成后效果的总结上。

13.2.2　工程案例 1

13.2.2.1　工程项目概况

Q 市水厂 DN600 水泥供水管道经多年运行，管道承压性和质量上存在很大隐患，故采用非开挖内衬 HDPE 技术进行整体修复，内容包括 DN600 水泥管管道约 6000m 内衬 HDPE 及阀门更换。

13.2.2.2　施工要求

（1）管材选用 PE100 级聚乙烯颗粒，符合 GB/T 13663—2000 规定，管材机械性能满足《给水用高密度聚乙烯（PE）管材》（GB/T 13663—2016）：管材密度 $\geqslant 0.92 \mathrm{g/cm^3}$、断裂伸长率 $\geqslant 350\%$、纵向回缩率 $\leqslant 3\%$、抗拉强度 $\geqslant 20 \mathrm{MPa}$。管材卫生性能满足《生活饮用水输配水设备及卫生防护材料的安全性评价标准》（GB/T 17219—1998）。

（2）根据管道设计要求，内衬 HDPE 管外径要求为 996mm。

（3）根据招标文件要求，内衬 HDPE 管壁厚要求为 12mm，SDR 为 596/12 = 49.6。

13.2.2.3　施工工序

具体施工工序包括以下几点：

（1）作业坑开挖。暂定开挖操作坑 9 个，分 7 段进行穿插内衬修复，每段约750m。根据管径大小，操作坑开挖大小平均约长 5m × 宽 2m × 深 0.5m（管底部以下），工作面每坑约为 10m × 5m，50m²。

（2）旧管道断管。断管前应先将供水管网内的新鲜水直接排入旁边的明渠。断管时采用等离子机先将管道断开，且至少断开两点。原管道的断管长度为管径的 3 ~ 6 倍，通常不少于 2m，原管道上断管处应安装钢制承插盘。

（3）管道清理与局部修复。清管前后都应对管道采用 CCTV 成像设备检测或人工检测，使用牵引 PIG 球物理清洗法或人工对原管线进行清洗处理。清管后，采用灌浆、机械打磨、点位加固、人工修补等方法修复管道局部缺陷（包括出现裂纹、接口错位、缺口孔洞、变形、管壁材料脱落、腐蚀瘤等问题）。

（4）HDPE 管装卸车、倒运及堆放。

1）装卸车

车辆车厢底部和车厢两侧应铺垫或捆绑软质布或者垫木，采用麻绳捆绑固定，以防止在装卸和运输途中磨损 HDPE 管材。

2）倒运

在 HDPE 管堆两侧应安设堰木或支撑栏杆，现场倒运时，不得直接在地面拖拽，应架设在专用托辊、拖车上进行滚动倒运。

3）堆放

现场堆放场地不得有大块石头、砖块或其他尖锐硬物，而应铺垫松软土、沙土、稻草秸秆或软质布，管道堆放不得高于 3 层。

（5）HDPE 管穿插前处理。

HDPE 管穿插前处理内容包括：

1）热熔焊接。本工程计划采用预先撑圆或者加长卡瓦方法，再用热熔焊机进行焊接。焊接完的 HDPE 管继续冷却 25min 以上，再压成 U 形，具体如图 13-3（a）所示。

2）热熔焊接后的质量检查。U-HDPE 管道系统安装完毕后应先进行外观质量检查，须同时具备两个条件。一是边对称，接头应具有沿管材整个外圆周平滑对称的翻边，翻边最低处的深度不应低于管材表面；二是对正，管道接口应对正，错位量不应大于管壁厚度的 10%。

3）HDPE 管 U 形折叠、临时捆扎。将焊接好待穿插的 HDPE 管变成"U"型，使其直径减小到原来的 2/3，并用钢丝绳把变形过的 HDPE 管以每隔 30cm 一匝的频率捆绑定型，具体如图 13-3（b）所示。

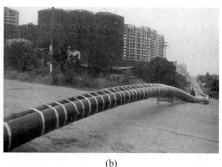

(a)　　　　　　　　　　　　　　(b)

图 13-3　HDPE 管热熔焊接、临时捆扎现场图

（a）HDPE 管热熔焊接；（b）HDPE 管临时捆扎

（6）HDPE 管穿插。

利用牵引机、导向轮、牵引头等把 HDPE 内衬管拉入原管道，卷扬机的速度

应控制在 9 ~ 15m/min。穿插后，两端 HDPE 内衬管露出原管道 1m，再用气囊涨管撑圆端口，在管段两端翻边处理，具体穿插过程如图 13-4 所示。针对原管材（水泥管）可根据管道承压情况设计制作 300 ~ 500mm 长的法兰端头。

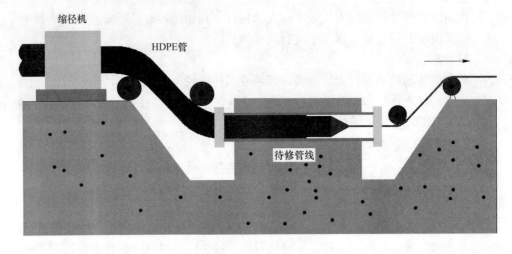

图 13-4　穿插剖面示意图

（7）涨管。在管两端完成翻边后，即刻进行充气打压，打压的压力根据管径的不同和缠绕带密度的不同确定。一般压力范围为 0.1 ~ 0.3MPa，保压时间不能小于 12h。

（8）端口连接。正式施工前，以 2 倍工作压力验收进行断口连接的现场试验。可采用钢筒砼管连接方式（见图 13-5）和钢管连接方式（见图 13-6）进行端口连接。断口部分为灰口铸铁管道时，可在断口端安装承口钢法兰（通过承插方式），并进行填料密封。断口部分为钢管道时可在断口端焊接钢法兰。

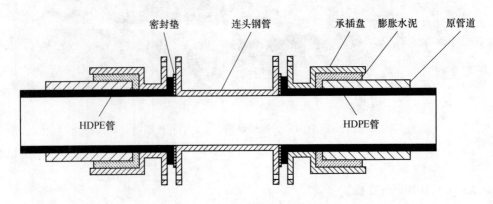

图 13-5　灰口铸铁管连接示意图

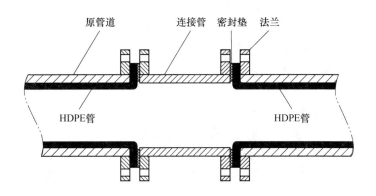

图 13-6 钢管连接示意图

（9）管道试压。管道试压按《给排水管道工程施工及验收规范》（GB 50268—2019）规定执行，修复后的管道正常工作压力为 0.5MPa，试压压力为 0.7MPa。本工程中城区短距离、试压分段与试压完毕后后续作业工序较多，因此建议采用气压法。

13.2.3 工程案例 2

修复管线共分 3 段，一段是华宁路至临沧路，管线规格为 DN500；一段是碧江路至沪闵路，管线规格为 DN500；另一段是碧江路至华宁路，管线规格为 DN700，其中 DN500 约为 2.8km，DN700 约为 0.5km。管线大部分铺设于路边绿化带中，埋深约为 1.5m 左右，输送介质为自来水，运行压力为 0.3MPa。为确保该管线的安全运行，须对该管线拟采用等径压缩穿插内衬改性聚乙烯（简称 PE）管道修复技术进行修复。

13.2.3.1 开挖操作坑及断管

整条管线分为 7 段整体施工，操作坑开挖前应做好地下管线、电缆、光缆及附近建筑物的保护，为了防止土方塌方，需做好降水及必要的支撑工作。具体如下：

（1）AE 段：在 A 点挖 8m×2.5m×2.5m 操作坑，断 6m 管线；在 E 点挖 8m×2.5m×2.5m 操作坑，断 6m 管线；在 B 点、C 点、D 点三通处各挖 4m×2.5m×2.5m 操作坑，断 3m 管线作为原管线三通拆除，安装钢塑复合三通的操作坑。

（2）EJ 段：在 J 点挖 8m×2.5m×2.5m 操作坑，断 6m 管线；在 F 点、G 点、H 点、I 点三通处各挖 4m×2.5m×2.5m 操作坑，断 3m 管线，作为原管线三通拆除，安装钢塑复合三通的操作坑。

（3）*JR* 段：在 *R* 点上占用部分瑞丽路挖 8m×2.5m×2.5m 操作坑，断 6m 管线；在 *L* 点、*M* 点、*N* 点、*O* 点、*P* 点三通处各挖 4m×2.5m×2.5m 操作坑，断 3m 管线，作为原管线三通拆除，安装钢塑复合三通的操作坑，协调拆除 *K* 点交通岗亭，在 *K* 点、*Q* 点各挖 4m×2.5m×2.5m 操作坑，断 3m 管线，作为原管线阀门拆除后安装的操作坑。

（4）*RT* 段：在 *S* 点挖 4m×2.5m×2.5m 操作坑，断 3m 管线，作为原管线三通拆除，安装钢塑复合三通的操作坑。找出废除的三通位置，在各点挖 5m×2.5m×2.5m 操作坑，作为原管线三通拆除，改造操作坑。

（5）*TU* 段：此段穿越河底，经水厂院内，PE 管穿插施工难度大，因此，此段做定向穿越施工。

（6）*UX* 段：在 *U* 点协调去除树木 20 棵，挖 8m×2.5m×2.5m 操作坑，断 6m 管线；在 *X* 点挖 8m×2.5m×2.5m 操作坑，断 6m 管线；在 *V* 点、*W* 点挖 4m×2.5m×2.5m 操作坑，断 3m 管线，作为原管线三通拆除，安装钢塑复合三通的操作坑。

（7）*Xe* 段：在 *e* 点挖 8m×2.5m×2.5m 操作坑，断 6m 管线；在 *Z* 点、*a* 点、*d* 点挖 6m×2.5m×2.5m 操作坑，断 4m 管线，作为原管线三通拆除，安装钢塑复合三通的操作坑。

图 13-7 为管道走势平面示意图。

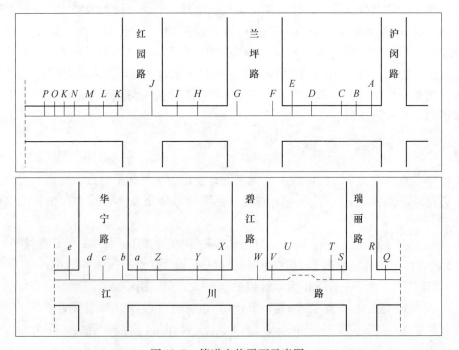

图 13-7　管道走势平面示意图

13.2.3.2 HDPE 管穿插过程

在做好管线清洗除瘤和 HDPE 管热熔焊接工作后，采用多级等径压缩的方法穿插，避免对 HDPE 管产生压缩量不足或永久性变形或损伤。

将 HDPE 管经缩径机缓慢拖入管道，且规定机械式牵引机牵引速度须控制在 15～18m/min，液压式牵引机的牵引速度须控制在 3～8m/min。据此条管线的实际情况，确定将整条管道分成如下几段进行施工，各管段施工细则见表 13-2。

表 13-2   各管道穿插施工方案

管段	起点管径/mm	终点管径/mm	PE 管穿插过程说明
AE	DN500×300 三通处	DN500×500 三通处	全长 405m。A 点顺牵引方向挖 4m×1m 斜坡，作为 AE 段的牵引端；E 点顺 PE 管入口方向挖 4m×1m 斜坡，摆放缩径机；PE 管摆放在 EJ 段上
EJ	DN500×500 三通处	DN500×300 三通处	全长 401m。在 J 点顺牵引方向挖 4m×1m 斜坡，作为 EJ 段的牵引端；E 点操作坑顺 PE 管入口方向挖 4m×1m 斜坡，摆放缩径机，作为 EJ 段的穿入端，PE 管摆放在 AE 段上
JR	DN500×300 三通处	DN500×300 三通处	全长 608m。J 点牵引端操作坑，顺 JR 段牵引方向挖 4m×1m 斜坡，作为 JR 段的牵引端；在 R 点上顺 PE 管入口方向挖 4m×1m 斜坡，摆放缩径机，作为 JR 段的穿入端，PE 管摆放在 RT 段上
RT	DN500×300 三通处	DN500×300 三通处	全长 306m。利用 JR 段 R 点穿入端操作坑，顺 RT 段牵引方向挖 4m×1m 斜坡，作为 RT 段的牵引端；在 T 点顺 PE 管入口方向挖 4m×1m 斜坡，摆放缩径机，作为 RT 段的穿入端，PE 管摆放在 TU 段上
TU	—	—	此段穿越河底，经水厂院内，PE 管穿插施工难度大，因此，此段做定向穿越施工
UX	水厂院墙外 450 拐点处	DN500 阀门接点处	全长 368m。在 U 点顺 UX 段牵引方向挖 4m×1m 斜坡，作为 UX 段的牵引端。在 X 点顺 PE 管入口方向挖 4m×1m 斜坡，摆放缩径机，作为 UX 段的穿入端，PE 管摆放在 Xe 段上
Xe	DN500 阀门接点处	DN500×700 三通处	全长 520m。顺 Xe 段牵引方向挖 4m×1m 斜坡，作为 Xe 段的牵引端；在 e 点顺 PE 管入口方向挖 4m×1m 斜坡，摆放缩径机，作为 Xe 段的穿入端，PE 管摆放在 e 点后管段上

HDPE 管穿插施工后，还需进行管道接头连接和试压，此处不再赘述。

13.2.3.3 修复效果总结

该工程的管线老化严重，承插口环形密封圈及弯头、三通、钢制附件都存在严重缺陷，通过验证复合管的承压能力实验有以下结论：

（1）管线衬使用 8mm 的改性 HDPE 管后，提高了焊缝处的承压能力，对该管线有缺陷的焊缝不用进行任何修补，就可满足 2.5MPa 工作压力；

（2）穿孔直径不大于 35mm，壁厚不小于 4mm，管线衬使用 8mm 的改性 HDPE 管后，在 2.5MPa 工作压力下，管线就可安全运行；

（3）管线衬使用改性 HDPE 管后，改变了钢管缺陷处的内应力分布状况，改善了受力状态，减小了应力集中，降低了局部缺陷处的压强，提高了管线的承压能力。与钢管相比，改性 HDPE 管的耐磨性也得到了显著提升。

13.2.4　附录

13.2.4.1　执行规范及标准

（1）《穿插 HDPE 管内衬修复旧管道施工规范》（乙方企业标准）；

（2）《内衬用薄壁 HDPE 管热熔焊接操作规范》（乙方企业标准）；

（3）《给排水管道工程施工及验收规范》（GB/T 50268—2019）；

（4）《给水用高密度聚乙烯（PE）管材》（GB/T 13663—2016）；

（5）《生活饮用水输配水设备及防护材料卫生安全评价规范》（GB/T 17219—2001）；

（6）《工业管道施工及验收规范》（GB 50235—1997）；

（7）《施工现场临时用电安全技术规范（附条文说明）》（JGJ 46—2005）；

（8）《建筑工程施工质量验收统一标准》（GB 50300—2013）。

13.2.4.2　主要设备表

施工过程中用到的主要设备见表 13-3。

表 13-3　主要设备表（仅参考）

序　号	名　称	规格或型号	单　位	数　量
1	缩径机	DN600	台	1
2	空压机	$7m^3/min$	台	1
3	热熔焊机	DN600	套	2

序　号	名　称	规格或型号	单　位	数　量
4	卷扬机	18T	台	1
5	卷扬机	5T	台	2
6	卷扬机	2T	台	1
7	随车吊	—	台	1
8	指挥车	—	台	1
9	发电机	30kW	台	1
10	发电机	静音 50kW	台	1
11	电焊机	1kW	台	2
12	火焊机具	—	套	3
13	潜水泵	$100m^3/h$	台	3
14	潜水泵	$50m^3/h$	台	5
15	穿绳机	ZO-600 型	套	1
16	对讲机	—	部	4

13.3　CIPP 修复应用

13.3.1　技术说明

CIPP 技术是一种基于热固化树脂的原位固化修复技术。采用树脂加热或遇光固化的原理，将未成型的树脂利用水压或气压翻转至管道内部，然后用蒸汽或热水对管道内部加热使树脂固化，在旧管内形成新的结构性内衬管道。进行内衬后的管道采用不锈钢衬圈和密封胶对其端头进行密封性处理，新旧管道共同承压。本修复技术也可结合环氧胶泥对局部的漏水接口进行修复。CIPP 法可应用于供水、排水管道修复，操作步骤较少，无需焊接、穿插、涨管等步骤。用于翻转的材料主要是环氧树脂和衬管材料（密封涂层、毛毡和加强层）。在大口径管道修复时，采用紫外线代替蒸汽或热水硬化树脂，能加快固化速度和提高工程施工的效益。

不同翻转内衬法的施工特点见表 13-4。

表 13-4　不同翻转内衬法的特点比较

施工方法	Insituform	KMG	InPipe	Paltem	Phoenix
置入方法	水压倒置	绞拉	压气倒置	压气	蒸汽倒置
材料	非编织软衬管和热固性树脂	非编织软衬管和热固性树脂	玻璃纤维加强塑料和间苯聚合树脂	编织或非编织软衬管和热固性树脂	编织软衬管和热固性环氧树脂
固化过程	热水	热水	热气或蒸汽	蒸汽	蒸汽
直径范围/mm	75～1500	150～1350	100～400	>100（压力管）；>200（污水管）	75～1000
最大施工长度/m	200	300	100	—	500
适用形状	任何形状	任何形状	任何形状	任何形状	任何形状
弯曲能力	450	450	450	有限	900
支管连接	遥控	遥控	机器人	—	机器人

改性管道大大增强了管道的抗压、抗振、抗渗、抗爆的机能，可以消除接口漏水，并防止未来的管道漏损。同时还提高了流速，改善了管道的输水效率，长期使用不会产生涂层脱落，不会结垢，翻转后的水质运行也有了切实的保障。此外，通常而言，翻转工艺比开挖排管节约费用 8.0%。

该工艺流程可简述为：管道内有毒有害气体检测—管道堵水、调水—管道内壁表面清洗—管道清洗质量的 CCTV 检测—敷设垫膜—拉入内衬修复软管—软管充气胀贴—软管光固化—软管冷却—衬管内膜脱除—管道修复后 CCTV 检测—恢复运行。

现以 S 市的环龙路 DN500 自来水管道修复工程为例介绍 CIPP 蒸汽固化修复技术在供水管道改造的应用。再以太仓市 DN300～DN500 污水管道软管光固化非开挖内衬修复工程为例介绍 CIPP 光固化修复技术在排水管道改造的应用。最后，以龙吴路（景联路—双柏路）供水管道内衬修复工程为例介绍国内首次从德国引进的二元全结构非开挖内衬修复技术应用于带压自来水管道的非开挖修复工程案例。

13.3.2　工程案例 1

13.3.2.1　工程概况

S 市的环龙路 DN500 自来水管道修复工程的环龙路为一条椭圆形环状道路，

周围较安静，该路的 DN500 球态铸管长 1890m，管道埋设深度约 1.0~1.3m，本身质量尚好。但该管道的漏水部位主要是在接口处，翻转内衬技术在解决管道（管道本身材质尚可）结垢严重污染水质和管道接口经常漏水的管道修复施工中具有独特的技术优势。因此，采用了翻转内衬技术，可解决该管道接口经常漏水的问题。

13.3.2.2 施工要求

该工程的工艺要求有：

（1）采用低浓度聚乙烯（LLD-PE），符合食品卫生检验，可用于自来水中；

（2）黏合剂由环氧树脂和固化剂两部分组成，按一定的配比混合搅拌而成；

（3）内衬层技术质量指标：本工程参照美国 ASTM 标准，设计内衬管为全结构衬管，设计厚度为 7mm，可在不依靠旧管的情况下独立受压，承载压力可达 10bar（1bar = 100kPa）。

13.3.2.3 主要施工方案

A 内衬材料的选取

a 衬管

内衬管是一种由带涂层的毡、玻璃纤维层和毡组成的三明治结构。对于更大管径的管道，可以再加上一层玻璃纤维、一层毡或者两者的结合体。因为这种衬管自身具有足够的强度，不需要依靠母管。虽然衬管安装需要紧贴母管，但其目的是减少不必要的截面积损失以及使管道末端完全封闭住，内衬实物如图 13-8 所示。

图 13-8 所选用的内衬管实物

内衬管的厚度可以从 3～18mm 不等，可以根据修复管道的具体情况选取。我们这次选取的内衬管厚度是 7mm，相对于 DN500 口径的管道来说，既可以解决受压的问题，又可以保持管道修复后的内径损失在可控范围。

b　PE 涂层

用于自来水管道更新修复的涂层是低浓度聚乙烯（LLD-PE）。这种材料不仅有很好的防漏水性能，而且它光滑的表面使其可以减少水流带来的摩擦阻力，提高管道更新后的输送能力，这种材料经过食品卫生检验，可用于自来水中。

c　黏合剂

用于翻转内衬管与原有母管连接的黏合剂同样经过食品卫生检验，例如环氧树脂可用在饮用水中。环氧树脂拥有高度的柔韧性，能够抵抗管道移位和地面震动，此外环氧树脂的黏合力远远超过其他黏合剂。

黏合剂由环氧树脂和固化剂两部分组成，按一定的配比混合搅拌而成。

B　原管道预处理

a　操作坑开挖

根据 DN500 管道的工艺要求，此次决定开挖工作坑的长度为 3m，宽度为 2m，并挖到管底以下 0.5m。所需空间不仅须满足将衬管插入原管的需求，还应满足可容纳两个工人的施工工作空间，开挖的操作坑现场如图 13-9 所示。

图 13-9　开挖的操作坑现场

b　管道清洗

经 CCTV 对旧管内壁的结垢状况探视后，绘制清洗压力的位置（距离）图并确定不同位置上的清洗压力，再用一辆 900bar/cm²（1bar = 100kPa）的高压水枪清洗车调节压力进行管道清洗。高压水枪冲洗后，用橡胶刮板和海绵球（俗称

PIG）在管道内将污物疏通到一边，清除剩余的垃圾和积水，如图 13-10 所示。

图 13-10　橡胶刮板和海绵球清洗管道

c　内衬管抽真空

内衬管材料是毡和纤维，纤维内部以及它们之间的空隙中储藏着空气，因此，需对内衬管抽真空以确保黏合剂能充分地进入空隙。首先把内衬管的一端封闭，然后用一台真空机进入另一端抽真空，抽气的时间在 30h 左右，直到管内的空气基本排出为止。

C　黏合剂制备

a　黏合剂搅拌

黏合剂的用量须根据每次翻转的内衬管长度来配制。此次选择 7mm 厚度的 DN500 直径的内衬管，按 10kg/m 的比例配置黏合剂。配比过程中，按照 1∶0.74 的比例把环氧树脂和固化剂混合在一起搅拌均匀。最后，把搅拌好的黏合剂倒入距离翻转处几米内的管口，如图 13-11 所示。

图 13-11　将黏合剂倒入衬管

　　b　滚压浸润黏合剂

　　将充满黏合剂的内衬管的前端送入带滚筒的滚轮里，调节滚筒之间的间隙到规定的尺寸（18mm）。通过滚轮的转动挤压带动内衬管向前，使黏合剂慢慢向后端输送，直至抵达末端，具体如图13-12所示。

图13-12　注入黏合剂的衬管进入滚压机

　　c　送入翻转舱

　　黏合剂制备的最后一步是将滚压后充满黏合剂的内衬管送入翻转舱内。此时，整条内衬管将拉成一卷（见图13-13左图），同时内衬管的翻转一端被固定在翻转舱的翻转头上（见图13-13右图）。如此便可将内衬管卷通过翻转舱内的滚筒挤压卷入翻转压力舱内。

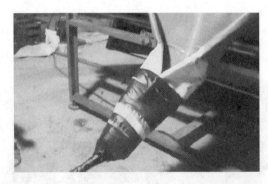

图13-13　将滚压后的衬管送入翻转舱

　　D　内衬翻转

　　将空气压缩机（18m³）连接到翻转压力舱内，内衬管在舱内40kPa空气压力的作用下（见图13-14左图）开始翻转。导致原本处于外表面的PE涂层翻转成内表面，即翻转后新的管道内壁，而涂满树脂的织物支撑结构则与原管道内壁相贴（见图 13-14 右图）。在空气压力的推动下，通过翻转舱内滚轴的转速控制衬管以每分钟 2～3m 的速度在管道内前进。

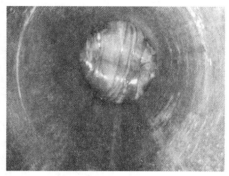

图 13-14 内衬翻转过程现场及管内情况

内衬管应在没有摩擦的情况下进行穿管，避免被损坏的风险，也可以自然抵消主管内存在的各种问题，如：主管的直径变化、管道的部分缺损、椭圆状的变形等，多余的树脂还可以用作填充母管内表面的不平、孔眼、缺损、凹槽等各种缺陷。

　　E 蒸汽固化

　　a 内衬管固定

当内衬管到达工作段末端的接受坑后，需要被固定，通常内衬管末端应露出工作段管道 1m 左右，接着在这段内衬管上插入一些用于释放空气的管子，并统一连在一个放散筒上。

　　b 注入蒸汽

一端通过翻转车上的蒸汽锅炉将蒸汽注入衬管内，另一端通过放散筒释放蒸汽，输入蒸汽的温度和压力由仪器来监控。随着衬管内的温度不断升高，当末端测得的温度达到 80℃ 左右时，保持这一温度 7h 直到树脂固化为止。

　　c 固化后处理

当环氧树脂固化后，停止输入蒸汽而改用冷空气进行降温，直到衬管内的温度达到常温，最后，割除管道两端多出的衬管，对管端进行必要的处理。

图 13-15 为环氧树脂固化后管内 CCTV 图。

　　F 管道末端处理

末端处理是为衬管末端提供机械保护，并在母管与衬管之间形成一个平滑均匀的过渡面，从而防止衬管因长期使用而造成端口损坏。每段衬管两端都以末端机械密封的方法（见图 13-16）处理后，即可采用传统的管道连接方式进行

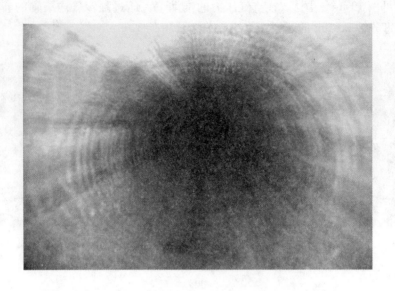

图 13-15　环氧树脂固化后管内 CCTV 图

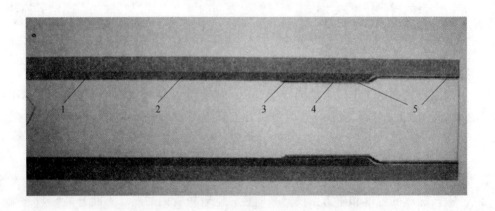

图 13-16　末端机械密封系统示意图
1—母管（灰色）；2—衬管（红色）；3—快速密封剂（黄色）；
4—塑料垫圈（黑色）；5—不锈钢环

连接。

　　管道连接后，割除管道末端多余的衬管后，用环氧树脂对管道末端进行处理，同时在衬管内壁安装不锈钢环，将钢环向管道内壁膨胀绷紧后，使衬管更紧密地贴在原来的管道内壁上，图 13-17 为管道末端处理现场。

　　至此，整个翻转工艺结束。随后按常规对翻转后的管道进行了泵验、消毒冲

图 13-17 管道末端处理现场

洗、管道接通、用户改接等工作。

G 效益分析

a 直接效益

因为内衬管材料本身的抗压能力和长度的连续性、整体性，再加上母管的作用，翻转工艺修复后的管道可以消除原来接口漏水，并防止今后的管道漏损。大大增强了管道的抗压、抗振、抗渗、抗爆的机能。

由于内衬管的涂层是 PE，摩阻系数达到了 0.010 的水平，提高了流速。

翻转后的水质运行也有了切实的保障，长期使用不会产生涂层脱落，不会结垢，完全可以满足直饮水的需要。

b 间接效益

本项目地处高档住宅区附近，此处聚集了不少外籍人员，还有幼儿园和小学。所以管道更新时必须考虑交通和环境的问题。在欧美等发达国家，这些影响是必须考虑的因素。修复工艺大大减少了路面开挖，从而防止了交通阻塞、渣土堆积、土尘飞扬、机具噪声等给周边居民和学生带来的不良影响。所以本修复工艺符合绿色环保的现代化施工理念。

13.3.2.4 主要施工工序

A 管道内有毒有害气体检测

施工人员进入检查井前须先用四合一气体检测仪对管道内有毒有害气体进行测定，当有毒有害气体达到安全标准时人员方可下井作业；若有毒有害气体高于安全标准，不得安排人员下井作业。人员下井作业时，必须采取强制通风措施，人员必须系上安全绳，井口至少有一人监护，否则人员不得下井作业，操作人员现场下井作业如图 13-18 所示。

图 13-18　操作人员下井作业

B　管道堵水、调水

a　临排管道选择与安装

为方便安装与拆卸移位，选择轻便的 φ325 钢管作为临时排水管道，连接方式采用法兰连接，在每根临时管道下部安装两对滚轮，方便在各监测单元间移动临时管道，并准备一定数量消防软管与钢管组合使用。

b　封堵气囊选择与封堵方法

对上游管道用气囊进行封堵时，封堵气囊采用专用管道封堵气囊，气囊封堵气压在 0.1~0.2MPa。对需封堵的检查井再进行降水、通风处理，检测有毒有害气体的操作，达到安全标准后，操作工下井清理待修复段上下游 2m 内管道及井底的杂物和垃圾，放入气囊。充气达到 0.05MPa 时撤出作业人员，继续加压至 0.1MPa，保持该压力，在井口置工字钢，将气囊牵引绳、进气阀门、进气管固定在工字钢上完成封堵。将待修复管道内的污水使用污泥泵抽出污泥倒入下游管道或其他排水管道内，具体封堵及临时排水示意图如图 13-19 所示。

C　原管道内壁表面清洗及修复过程

根据 CCTV 画面评估管道损坏等情况，确认使用高压水清洗技术和拉 PIG 清洗球技术进行清洗。管道修复前，需要对管内进行清淤、冲洗工作，对于外露的钢筋、尖锐突出物、树根等采用机械或人工方式去除，再用聚合物水泥砂浆抹平不平整的表面。清洗过程和高压水清洗如图 13-20 所示。

D　原管道预处理

内衬管拉入管道前，根据旧管道 CCTV 检测视频，评估管道损坏等情况，如果管道渗漏影响 CIPP 内衬施工质量，可采用浸渍玻璃丝布点位修补技术或聚合

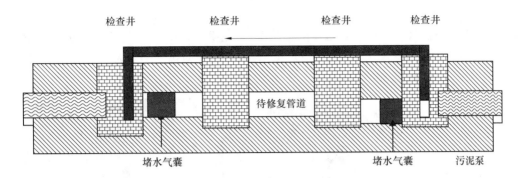

图 13-19　封堵及临时排水示意图

图 13-20　高压水清洗

物水泥砂浆进行修补，修补完成后进行 CCTV 复测，并保留相关影像资料。

通过管道修复前的清淤、冲洗工作，清除掉管道内的石头及大面积泥沙淤泥。对于外露的钢筋、尖锐突出物、树根等采用机械或人工方式去除，再用聚合物水泥砂浆抹平不平整的表面。

玻璃丝布点位修补技术须保证固化后玻璃丝布与固化树脂充分融合；修复后的环状修复带宽度不小于 450mm，厚度不小于 3mm；对于错位量大、脱节严重的点，管道接口之间若有错位，错位大小在管径的 10% 之内时，使用聚合物水泥砂浆进行填补抹平，保证管道连接处光滑顺畅。如果管道弯曲角度大于 30°，管道接口之间错位大小在管径的 10% 之上，需及时通报监理单位，与建设单位、管理单位和设计院方协商解决方案。

E　布管过程及操作方法

a　拖入前准备

在原有管道内铺设垫膜（见图 13-21 左图），置于原有管道底部，覆盖大于 1/3 的管道周长，且在原有管道两端进行固定；

　　b　拉入软管

　　用牵引机从井口将软管拉入管道（见图13-21右图），操作要求牵引机的牵引力不大于3t，拉入速度不大于5m/min，软管的轴向拉伸率不大于2%，软管两端比原有管道长出300～600mm；

图13-21　拖入垫膜和CIPP软管施工现场

　　c　端口固定

　　在玻璃纤维软管入口端安装控制紫外线设备和显示压缩空气压力的装置，在软管的首末端分别安装特殊的固定装置（扎头），将空气管连接在首端（入口）特殊固定装置上；

　　d　放入UV光源

　　使用紫外线内衬修复设备的压缩空气把玻璃纤维软管入口撑开，将UV光源放入材料内（见图13-22左图）；

　　e　软管充气胀贴和光固化

　　根据速度与压力的数据采集，调节对紫外线灯行进速度完成物料的整体固化过程（见图13-22右图）；

图13-22　放入UV光源及后续软管光固化过程

f 脱膜

脱除管道内部防渗膜，防止堵塞管道，脱膜时要匀速操作，防止扯断；

g 端口处理

包括4个步骤，分别为拆除管口的紫外线灯装置、充气装置和端口封堵装置；脱除衬管内膜；切割内衬层端头；端口做好密封处理；

h 内衬质量检测

包括壁厚、巴氏硬度、环向拉伸强度、轴向拉伸强度测量以及修复后的CCTV检测。

13.3.3 工程案例2

13.3.3.1 工程概况

S市龙吴路（双柏路—景联路）(DN800×1130) DN800生铁管，属主干道输水管线，以曹家港桥为界，分为南北两段，南起双柏路，北至景联路，承担着重要的输配水任务，如图13-23所示。管道1994年竣工通水，服役25年，管道管材老化，多次发生渗漏，维修难度大；经内窥检测发现，管道内部存在结垢，腐蚀及漏水现象，有潜在的用水安全隐患；运行压力2~3bar（1bar=100kPa），试验压力10bar（1bar=100kPa）。

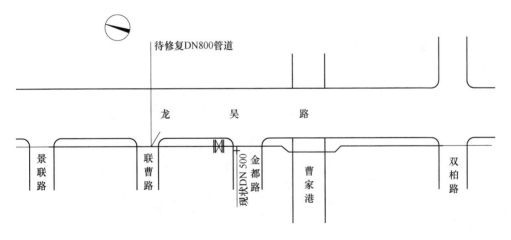

图13-23 龙吴路（双柏路—景联路）示意图

13.3.3.2 施工要求

（1）内衬管壁厚设计。按照美国ASTM F1216，在保证内衬复合管与原有管道联合可承受外部地下水静液压力及真空压力时，内衬复合管壁厚设计为11.5mm。

（2）水质卫生要求。与自来水接触的材料要选用食品卫生级的聚乙烯，配用高黏接强度的食品卫生级热敏性环氧树脂和固化剂，保证与支撑管牢固粘连，此聚乙烯具有极高耐磨性能，可保证水质卫生安全，厚度高达 2.7mm，能确保50 年带压运行安全。

13.3.3.3　技术介绍

该工程采用 IBB16® 二元内衬修复技术，属国内首次从德国引进的应用于带压自来水管道的非开挖修复工程。它集成了紫外光固化＋蒸汽热固化两种组合工艺。

（1）紫外光固化工艺：将玻璃纤维软管拉入待修复的管道中，采用紫外光发射装置对玻璃纤维材料进行固化，集成到一台车上，具有高度自动化、智能化的特点。

（2）蒸汽热固化工艺：将 PE 材料在专用的浸渍系统中与环氧树脂和固化剂充分浸渍并压匀，然后送入翻转鼓中。采用气翻方式将 PE 材料送入已经固化好的玻纤管中，使用蒸汽对其进行固化。

（3）复合管简介

系统混合了两种不同特性的材料，固化后形成复合管结构，从内往外前 3 层为核心层，后 4 层为辅助层，如图 13-24 所示。其中核心层包括：

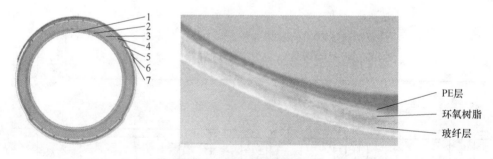

图 13-24　复合管结构示意图

1—致密 PE 层；2—环氧树脂层；3—玻纤层；4—扭转带（ECR 玻璃纤维增强）；
5—外膜（PE-fleece/PE/PA/PE）；6—增强织物薄膜；7—自粘紧固胶带层

1）致密 PE 层：材料为符合水质卫生安全的 PE 材料，光滑、致密且耐磨；能够经受长期带压自来水及高压气泡的冲击。

2）环氧树脂层：毛绒状的 PE 材料与环氧树脂充分浸渍后，采用气翻，再通过蒸汽固化形成。将致密 PE 层与玻璃纤维支撑层紧密黏接，形成一体化的复合管；该层黏接性很强，且没有毒性，即使致密 PE 层破损的情况下，仍然能起到安全防护的作用。

3）玻纤层：玻璃纤维材料经过编织后进行缠绕加工的软管，并通过紫外光固化形成玻纤层。其具有足够的支撑强度，在厚度尽可能小的情况下可实现全结构性修复，短期弹性模量最高达 16875MPa。

13.3.3.4 主要施工工序

A 工作井设计

本工程采用非开挖修复设计，但仍然需要开挖一定数量的入料井和接收井进行材料、设备的下放和接收，工作井设计示意图如图 13-25 所示。

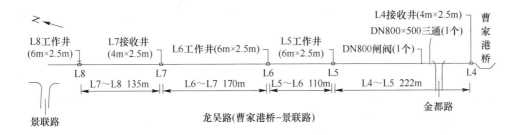

图 13-25 工作井设计示意图

B 工作井围护设计

具体工作井围护设计见表 13-5，现场施工图如图 13-26 所示。

表 13-5 工作井的基坑尺寸、开挖深度、围护形式

基坑编号	工作井属性	基坑尺寸 /m×m	开挖深度/m	围护形式
L1、L2、L5	龙吴路入料井	6×2.5	3.5～4.0	φ400 树根桩 + φ600 高压旋喷桩 + 内支撑 + 坑底注浆加固
L0、L3、L4	龙吴路接收井	4×2.5	3.5～4.0	φ400 树根桩 + φ600 高压旋喷桩 + 内支撑 + 坑底注浆加固

当完成闭水泵压试验和水质检测合格后，方可进行基坑回填。基坑回填过程中不得有积水，同时应清除坑内的杂物。基坑回填材料采用中粗砂，中粗砂回填至原路面基础下方，然后进行道路结构层或绿化的恢复。

C 监测内容及要求

施工前 14 天、整个施工过程及施工完成后一定时间，须对受到安全影响的其他公用管线和周边建筑做好保护和监测工作，特别是在工作井围护施工和基坑

图 13-26　工作井围护设计现场

开挖期间。基坑监测包括对周边环境的保护监测和对本围护体系的安全监测，及时预报施工过程中可能出现的问题，通过信息反馈法指导施工，根据监测资料及时控制和调整施工进度和施工方法，采取必要的应急措施。对应的维护体系报警值见表 13-6，基坑周边环境监控报警值见表 13-7。

表 13-6　维护体系报警值

基坑工程环境保护等级	一 级		二 级	
	变化速率/mm·d^{-1}	累计值/mm	变化速率/mm·d^{-1}	累计值/mm
围护墙侧向最大位移	2 ~ 3	0.18%H	3 ~ 5	0.3%H
地面最大沉降	2 ~ 3	0.15%H	3 ~ 5	0.25%H
支撑轴力	设计控制值的70%		设计控制值的80%	

注：H 为基坑开挖深度（m）；报警值可按基坑各边情况分别确定。

表 13-7　基坑周边环境监控报警值

检测对象	项 目		
	变化速率/mm·d^{-1}	累计值/mm	备 注
煤气、供水管线位移	2	10	刚性管道
电缆、通信管线位移	5	10	柔性管道
地下水水位变化	300	1000	
临近建（构）筑物位移	1 ~ 3	20	根据建（构）筑物对变形的适应能力确定

D 端口处理

内衬管内冷却水抽除或空气压力释放后，才能切割端部内衬管，切口必须平整。必须使用快速密封胶（或树脂混合物）封闭内衬管与原管内壁的间隙。处理方法如图 13-27 所示。

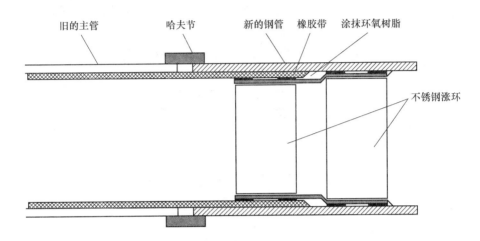

图 13-27 对应的端口处理方法

在管内进行端口切割密封后，安装橡胶密封带（见图 13-28 左图）和不锈钢涨环（见图 13-28 右图）。

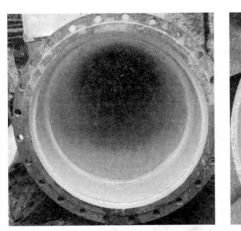

图 13-28 安装橡胶密封带和不锈钢涨环现场图

E 水压试验

图 13-29 为水压试验。

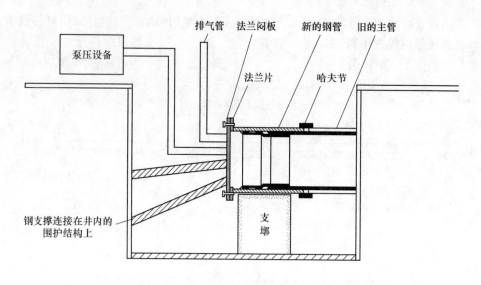

图 13-29 水压试验

　　打压注水时应观察盲板封堵处及中间井室内连接管情况，在打压过程中发现中间连接管的哈夫节有漏水情况发生时，应先停止打压，对中间哈夫节紧固后再继续打压，泵压压力达到 1MPa。打压至 0.8MPa 时应暂停打压，检查盲板处及中间连接管有无漏水、损害情况发生。若有漏水、损害现象应及时停水试压，查明原因，并采取措施后重新试压。如无漏水则继续打压至 1.0MPa，保持稳压 30min，若压力下降可注水补压，但不得高于 1.0MPa。停止注水补压，稳定 15min 后压力下降不超过 0.02MPa，将压力下降至 0.6MPa 并保持恒压 30min，进行外观检查，若无漏水现象，则水压试验合格。水压试验示意图如图 13-30 所示。

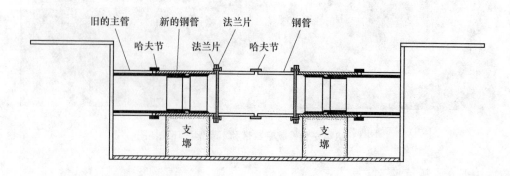

图 13-30 水压试验示意图

F　管道冲洗消毒

水压试验合格后，应对原管道进行冲洗消毒。连续冲洗时，应避开用水高峰，冲洗最大流速不得小于 1.2m/s。管道第一次冲洗应用清洁水冲洗至出水口水样浊度小于 3NTU 为止。管道第二次冲洗应在第一次冲洗后，用余氯量不低于 4×10^{-5} 的清洁水浸泡 24h 后，再用清洁水进行第二次冲洗直至水质检测、管理部门取样化验合格为止。水质检验标准应同时符合国家相关检验标准和管道原运营维护单位的检测标准。水质检验合格后，方可回填工作坑，准备并网运行。

G　管道连接

管道连接有支管连接和工作井内钢管及配件连接两种。

a　支管连接

采用内切割方式，将支管处的内衬管切除，精确测量主管和支管内径，使用 T 形 EPDM 密封橡胶，然后在 T 形密封橡胶安装不锈钢涨环（带 EPDM 橡胶），如图 13-31 所示。

图 13-31　管道连接现场

b　工作井内钢管及配件连接

工作井内端头连接采用国标中符合 Q235B 或相当于 Q235B 标准的钢材，法兰螺栓、螺母采用不锈钢（0Cr18Ni9Ti），本工程对所用的钢管及配件壁厚进行了加厚设计，壁厚 10mm，钢管连接件由现场测量进行焊接，钢管的焊缝质量等级为二级，每条焊缝均须进行 100% 超声波在线检测。所有管材、配件、法兰等公称压力为 PN10（1MPa）；钢管及配件的内外防腐均在工厂内完成，现场连接的补口按照要求处理。外防腐采用环氧煤沥青涂料，六油二布，干膜厚度不得低于 0.6mm；内防腐采用机械喷涂水泥砂浆，表面粗糙度小于 0.012；水泥砂浆厚度为 10mm。

13.3.4　附录

13.3.4.1　执行规范及标准

执行的规范及标准有：

（1）《给水排水管道工程施工技术规程》（DBJ 01-47—2019）；

（2）《有限空间作业安全技术规范》（DB 11/T 852—2019）；

（3）《缺氧危险作业安全规程》（GB 8958—2006）；

（4）《给水排水管道工程施工及验收规范》（GB 50268—2008）；

（5）《城镇排水管道维护安全技术规程》（CJJ 6—2009）；

（6）《占道作业交通安全设施设置技术要求》（DB 11/854—2012）；

（7）《城镇排水管渠与泵站运行、维护及安全技术规程》（CJJ 68—2016）；

（8）《地下有限空间作业安全技术规范第二部分：气体检测与通风》（DB 11/852.2—2013）。

13.3.4.2　主要设备表

施工过程中用到的主要设备见表 13-8

表 13-8　主要机具设备表

序　号	设备名称	设备规格	单　位	数　量
内衬设备				
1	打气泵	1m³	台	1
2	涡轮风机		台	2
3	浸渍装置		套	1
4	紫外线灯设备		套	1
清管装置				
1	卷扬机	5T	台	1
2	卷扬机	2T	台	1
3	清管器	DN300～DN500	个	3
4	高压水清洗装置		套	1
发电设备				
1	柴油发电机	30kW	台	1
焊接设备				
1	逆变焊机	ZX7-400ST	台	1

序　号	设备名称	设备规格	单　位	数　量
调水设备				
1	污水泵	100m³	台	3
2	消防水带	4 寸 （1 寸 = 3.33cm）	m	200
其他工具				
1	切割锯		台	2
2	角磨机		台	2
3	气体检测仪	四合一	台	2
4	CCTV 检测仪		套	1
5	QV 检测仪		套	1
6	电动葫芦	3T	台	2
7	送风式轴流风机		台	2
8	三脚架		套	1
9	潜水设备		套	1

13.4　原位热塑成型管道（FIPP）修复技术的应用

该技术和 CIPP 并列为衬管主流技术，既可用于修复弯管、错位管、变径管，还可用于雨污水管道，热塑管施工方便、快捷，材料强度高，修复效果好。

该工艺主要施工流程如图 13-32 所示。

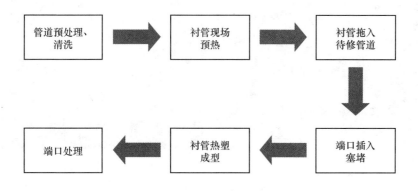

图 13-32　主要施工流程

现以 S 市枫泾村路东侧现役 DN200 为例，介绍管道内衬 FIPP 技术在输水管道改造更新工程中的应用。

13.4.1　工程概况

本工程为 S 市中心郊区输水管内壁修复工程，主要是对管道内壁进行非结构性修复。根据现场施工的难易要求，决定采用原位热塑成型管进行修复加固。

13.4.2　施工工序

13.4.2.1　施工工艺

（1）预加热；

（2）拖入母管；

（3）冷却，端口处理。

13.4.2.2　现场图演示

先将材料运送至现场，做好材料准备工作（见图 13-33），先对管道进行清洗（见图 13-34），清洗完毕后加热热塑管，同时对加热温度予以控制（见图 13-35）。搭滑轮简易架子装备拉软化管，之后人工配合机械拉管（图 13-36），当管材到管道后，准备封堵，准备加热扩管。最后做管头处理（见图 13-37），修复后管道完成（见图 13-38）。

(a)

(b)

图 13-33　材料准备工作

（a）设备车辆；（b）FIPP 料卷

图 13-34　高压水枪清洗管道内壁

图 13-35　热塑管加热工作

（a）　　　　　　　　　　　　　　　　　　　（b）

图 13-36　人工配合机械拉管

（a）加热软化安装气囊；（b）接收并出料

图 13-37　法兰口翻边

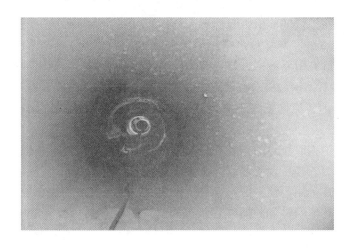

图 13-38　管头处理及修复后效果图

13.5　不锈钢管道内衬修复技术的应用

13.5.1　技术说明

不锈钢管道内衬修复技术最早源于日本，外观图如图 13-39 所示。在 DN600 及以上的旧管道内焊接拼制不锈钢衬管时，在衬管与母管之间充填环氧树脂混合料并自然固化，使之成为一个具有不锈钢内壁的复合型整体管道。而在日本则采用不锈钢短衬管并利用橡胶顺插连接，然后在衬管与母管之间注浆固化。

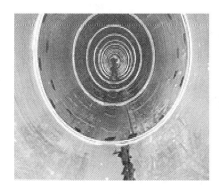 

图 13-39　不锈钢衬管外观图

不锈钢管道内衬修复技术的优点有：

（1）不锈钢内衬施工法是金属内衬施工法的首选，在旧管道内形成挠曲强度大约是硬质氯乙烯的 6 倍、延伸率大约是 60 倍的不锈钢衬管；

（2）本管道内衬修复技术采用质量稳定的不锈钢板，不锈钢衬管壁薄，无顺插接头，而且摩阻系数小，修复后的管道流量几乎不发生变化；

（3）采用不锈钢短衬管拼接施工，施工操作性好；

（4）与其他管道修复施工法比较，施工设备道路占用面积小，有利于文明施工；

（5）T 口等临时接口的开孔和焊接工作采用等离子切割机和焊机等设备，可在管外进行施工，施工性和质量满足施工要求。

事实证明，采用不锈钢内衬修复在役大口径给水管道，特别是内径一致的铸铁管、钢管及其他管材等，能够有效提高管道强度，延长管道使用寿命。此外，与开挖的作业形式相比，它的投资较低，且降低电耗、降低取水泵扬程，运行成本较低。

该工艺流程可简述，如图 13-40 所示。

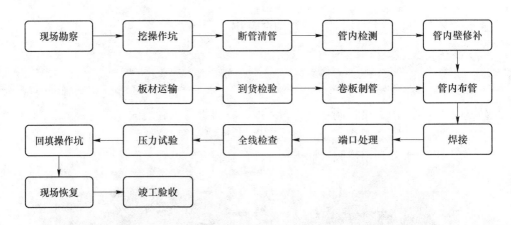

图 13-40　不锈钢内衬施工流程

现以 HB 水库补调水管道内衬加固修复工程为例详细介绍不锈钢内衬管道技术在供水管道中的应用。

13.5.2　工程概况

13.5.2.1　工程简介

HB 水库 DN1400 补调水管道全长 8709.5m，设计输水能力每天 20 万立方米，是连接岛内 HB 水库与高殿水厂的原水管道。补调水管道自 2010 年 1 月投入运行起，部分路段管道多次发生漏水或破管事件。

该现状管管径为 DN1400，采用预应力Ⅱ级钢筋混凝土管（以下简称混凝土管）、钢管地埋铺设。本次对云顶北路范围内补调水管予以修复（修复范围为K3 + 720 ~ K4 +610），全长约890m。运行压力为0.4MPa，试验压力为0.6MPa。

待修复管段位于云顶北路东侧绿化带，该处种植有大量的绿化树木、灌木和草皮，管道上方有夜景工程，附近还有电力箱涵、通信电缆以及本翔互通自来水管道等地下设施。云顶北路（K3 +720 ~ K4 +610）段管道两端为钢制管，分别设井并安装DN1400干阀、200排气阀，管道全长约890m，本工程管线经多年运行，由于管材质量等原因，造成本段混凝土管多次发生爆管事故，造成严重不良影响，无法安全稳定供水，亟待修复。

13.5.2.2　施工要求

（1）设计直径为DN1400，要求等径内衬；

（2）要求使用不锈钢06Cr18Ni9（304），设计厚度为3mm，衬后裸管最大承受压力为0.64MPa。

13.5.2.3　施工工序

A　管道分段施工

由于管线走向弯头较多，根据施工图纸将其分为两个施工段进行施工，根据现场情况（见图13-41）勘查利用现3个现状阀门井进行施工作业，两端现状阀门井作为通风井，使得管道内通风流畅，保证管道内施工人员能安全作业。中间阀门井设置为主要作业点，可进行管胚运送，机械设备进出等一些施工作业。

图13-41　水库补调水管道内衬修复加固工程平面图

表 13-9 为工作坑说明。

表 13-9　工作坑说明

序号	工作坑编号	操作坑开挖地点	断点情况	操作坑大小	内衬长度
1	2#K4 +120	见图 13-41	下管坯	利用现状井	约 890m
2	1#K3 +720 3#K4 +610	见图 13-41	通风人孔	利用现状井	

B　停水割管

a　1#K3 +720 及 3#K4 +610

在确定此管道已停水后,用氧气乙炔对 1#K3 +720 及 3#K4 +610 工作井内原管道进行人孔割除,1#K3 +720 工作坑天窗尺寸为:1m×0.8m 方形人孔作为通风及人员、小型机械设备进出。3#K4 +610 工作坑天窗尺寸为:φ0.6m 圆形人孔作为通风及人员、小型机械设备进出,切割位置如图 13-42 所示。

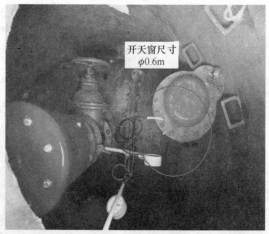

图 13-42　通风井开天窗现场图

b　2#K4 +120

断管时只需断掉原管上半圆即可(见图 13-43 左图),2#K4 +120 工作坑井(见图 13-43 右图)断管完成后,在工作井上架设龙门架,管坯吊入操作坑直接放到电动运管车上后,将不锈钢管胚逐一送到原管道内部,切割位置如图 13-43 所示。

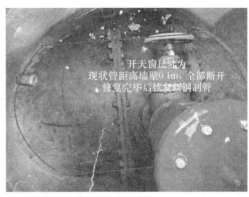

图 13-43 作业井开天窗现场图

c 焊接封堵

断管后，为防止本次修复段上下游阀门因密闭不严或泵房无意操作导致来水造成意外的情况发生，需将 1#、3#未修复方向钢制内壁焊接 18mm 厚闷板，并做加强顶撑（见图 13-44）。

图 13-44 焊接封堵施工现场图

注意：将井盖打开以后，人员不准立即下井操作，通风半小时以后采用复合式四合一气体检测仪进行氧气、一氧化碳、硫化氢、可燃气体检测，气体检测达标后方可下井作业。

C　管道清理

在清管前后必须对原管道进行 CCTV 成像检测，如图 13-45 所示。使用简易 PIG 牵引清洗技术与人工对原管道进行局部处理结合的方式对原管线进行清洗处理。对于管道环向空隙点、内壁漏水点采用填堵措施，对于管道错口或管道缺陷处，用水泥砂浆进行磨平过渡处理。

图 13-45　CCTV 成像系统

D　管道缺陷修复

当原管道经过 CCTV 或者人工检测后，需重点查找原内部管道本体结构有无缺陷，并对影响内衬及内衬后对管网安全运行有隐患的地方进行局部处理，正常情况下可能会出现以下几种缺陷情况。

a　原管道内部表面有局部突起石块

由于原管道离心甩制以及模具不标准，导致管道内部有突起，若不做处理会影响内衬板与原管道的贴合，降低内衬复合承压能力，并造成管道截面面积降低。

处理方法为：当局部突起的石块及混凝土结块高于原管道整体内径时，需采用平头电镐逐步铲平，不得从根部铲起，防止铲入管壁太深，影响管道本体强度，铲平后利用角磨机打磨平整，保证内衬层能够完全贴合，没有突起。

b　原管道内部水泥层局部脱落，钢筋网裸露

原混凝土管道制作时，若混凝土配比不妥当，或者有垃圾及杂质沙土存在，

会导致混凝土层局部脱漏，漏出原钢筋网。此外，管道运行期间产生的电腐蚀现象，也会对钢筋网产生腐蚀，逐年降低管网运行安全系数。如不做处理，日后内衬会影响原管道刚性，增加管道运行风险。

处理方法为：当遇到原管道内壁出现混凝土脱落现象时，要根据脱落情况做出判断，当出现的脱落现象没有漏出钢筋网或者漏出钢筋网但没有出现严重腐蚀变细情况（视腐蚀情况，一般可以允许腐蚀情况≤10%）时，则要清除表面淤泥，对脱落处用凿子凿出新的混凝土表层，清除钢筋网表面铁锈，采用砂浆混凝土重新与周边混凝土管壁抹平，要留有足够凝固时间，再做下部内衬处理。

当原管道内壁出现的混凝土层脱落时间较久，钢筋严重腐蚀，原管道出现裂纹或者隐性裂缝，则要首先对脱落处进行钢筋除锈、砂浆混凝土抹平处理，再对脱落处存在隐患的区域加钢制内涨圈，使内涨圈与原混凝土管共同分担管道应有刚性，内涨圈采用10～14mm钢板加工，其外径要与原管道内径紧贴，长度要长于脱落处最外侧300mm，中间有不均匀的小的环形空间用快干水泥抹平填充。

c　原管道承插接口错位较大，或者承插接口环形空间较大

由于原管道在安装施工时，地基处理不实，或者受地基不均匀沉降等原因，产生承插接口环形空间较大，则需要对承插接口的环形空间做填充处理，增强原管道的整体性及保障内衬板的贴合度。

处理方式为：当出现原承插接口受沉降或者安装时角度接转较大的环形空间时，先用清水清除空间内的淤泥及杂质，再用砂浆混凝土填充抹平过渡，保证不锈钢内衬板与原管道之间不留空隙，达到不锈钢板与原管道紧密贴合的要求。待修复管道预处理时，应做好详细的记录，验收合格后方可进行下一步施工。

E　不锈钢管坯生产

根据原管道内径，从不锈钢供应商处定制宽度1500mm、长度4430mm、厚度3mm和宽度1219mm、长度4430mm、厚度3mm足够量的开屏板材。

用卷板机将不锈钢板进行卷板预处理（卷板机专人负责），控制卷板曲度在1100～1200mm左右，在现场分批卷成桶状，随时卷板，随时下板，如图13-46所示。

F　不锈钢管坯的撑管搭接

结合专用涨管器和人工撑把不锈钢管坯撑圆（见图13-47左图），再简单地将不锈钢管与原管道紧贴焊接一起（每隔100mm点焊一处），管内搭接按水流方向（见图13-47右图）。

图 13-46　不锈钢管坯卷管前后现场图

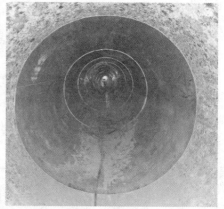

图 13-47　管道撑圆搭接过程及搭接后的现场图

　　根据原管道弯头实际弯度计算下料，在弯头处采用多环缝管内对拼焊接，根据原管道的曲度完全紧贴原管道内壁，如图 13-48 所示。

　　需用物资：50kW 发电机、氩弧焊机、风机、电缆线、管坯运输车、氩气（纯度不应低于 99.99%）、不锈钢焊丝、防护设施等。

　　G　管内焊接

　　采用分阶段集中作业的方式，先完成 100m 以上不锈钢管坯的布管后，再集中进行纵向缝和环向缝焊接，具体内容如下。

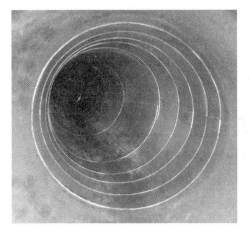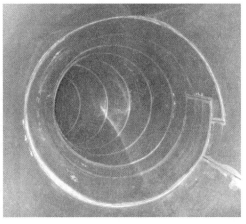

图 13-48　多环缝管内对拼焊接现场图

a　布管

图 13-49 为布管区工序流程。

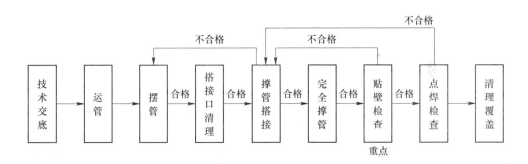

图 13-49　布管区工序流程

b　弯头处理

内衬弯头部分时，采用拼板焊接方式。

c　钢骨架支撑

管内不锈钢内衬层全部焊接完成后，在不锈钢内衬层上每隔 2m 处焊接一条宽 100mm、厚度为 8mm 的不锈钢支撑环，从而形成连续的钢骨架支撑。

d　不锈钢缝渗透检查

焊接质量要求：参照《工业金属管道工程施工规范》（GB 50235—2010）、《现场设备、工业管道焊接工施工规范》（GB 50236—2011）国家标准执行，不锈钢内衬管道焊缝外观整齐、无气孔、无焊透、无裂纹、无焊瘤、无过烧。原管道经不锈钢衬里修复后，达到原管道设计承受内压的强度，不得出现渗漏和变形。焊接完成后采用渗透剂检测。

通过利用 HD 通用型着色探伤剂组合对每道焊缝进行着色显像处理后即可进行补焊。首先用清洗剂（黄色）去除表面污垢、杂质，再喷渗透剂（红色），如果焊缝有气孔、裂纹，渗透剂会持续向里面渗去，再喷显像剂（白色），利用红白色差检验出焊缝有缺陷的部位，进行补焊，如图 13-50 所示。

图 13-50　通用型着色探伤剂及渗透检查过程

H　不锈钢焊口钝化及连接

a　焊口钝化

不锈钢内衬层焊接采用的氩气保护电弧焊接，导致焊缝表面形成黄色或黑色的氧化皮（见图 13-51 左图）。因此，对检验合格后的焊口进行酸洗钝化处理，形成三氧化二铬保护膜从而保障焊缝质量（见图 13-51 右图）。

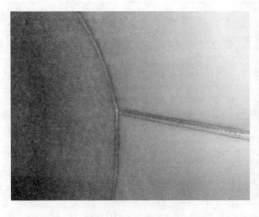

图 13-51　焊接处钝化前后效果对比

b 端口连接

对于 2#K4 +120 作业坑点，原井室内现状钢管在距离原井壁 100mm 处的全部割除，重新更换为新钢制管，两端新旧钢制管采用电焊焊接；在新的钢制管内壁上采用氩弧焊堆焊方式堆焊一圈约 100mm 宽、约 5mm 厚的不锈钢堆焊层。采用不锈钢堆焊层替代原不锈钢过渡板的施工方法，成功解决了原不锈钢过渡板与碳钢焊接处由于含碳量不同导致应力集中而产生裂纹或受力后出现裂纹的问题，之后把不锈钢内衬层搭接到不锈钢堆焊层中间部位进行焊接生根，从而与原管道形成整体密封，并在新的钢制管上焊接 DN200 三通，用于安装排气阀底阀与排气阀，具体如图 13-52 所示。

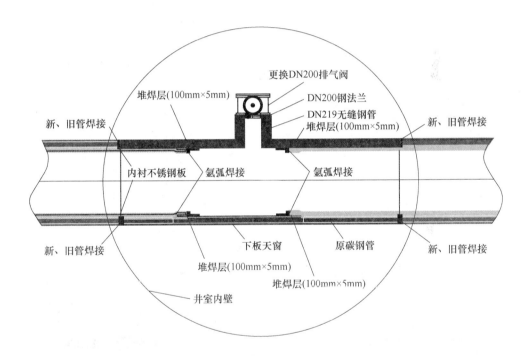

图 13-52 2#K4 +120 作业坑点的端口连接方式

对于 1#K3 +720 和 3#K4 +610 的钢制管道，端口处理在内衬的尽端钢制内壁上，采用氩弧焊堆焊方式堆焊一圈约 100mm 宽、约 5mm 厚的不锈钢堆焊层，之后把不锈钢内衬层搭接到不锈钢堆焊层中间部位进行焊接生根，如图 13-53 和图 13-54 所示。

c 内衬不锈钢法的三通处理

内衬不锈钢法的三通处理分为两种方法，第一种是在三通位置两端分别使用堆焊层焊接至原钢管上，可在原钢管上挖眼焊接支线、安装排气和预留人孔。第

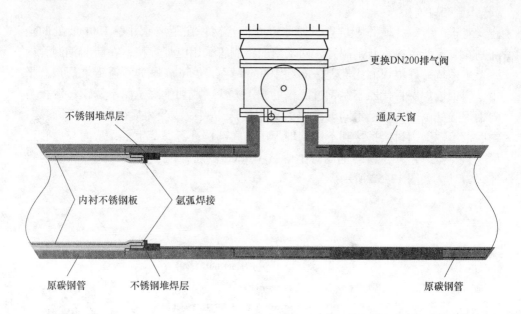

图 13-53　1#K3 + 720 作业坑点的端口连接方式

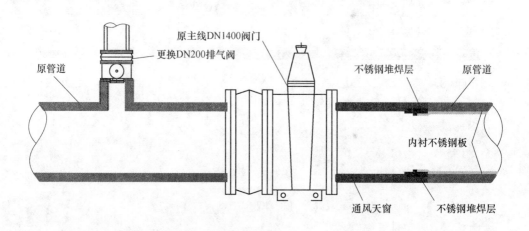

图 13-54　3#K4 + 610 作业坑的端口连接方式

二种是在管道三通部位开口并焊接不锈钢加强板，把不锈钢分支管内衬一端焊接在主管道不锈钢内衬开口处，另一端焊接钢法兰，与支线法兰连接。该方法可直接安装阀门或排气。

Ⅰ　负压问题。

对于可能出现的管道负压吸扁内衬层问题，反复的负压可能会对不锈钢内衬管造成损伤，影响内衬修复后复合管道的使用寿命。本次待修复管道内共有 3 个排气阀，可有效保证负压问题解决，为了提高安全性，修复后的 3 处作业点现状排气设施处更换新的 DN200 高速进排气阀（或呼吸阀）。当系统中产生负压，排气阀（或呼吸阀）腔内水面下降，排气口打开，由于此时外界大气压力比系统压力大，因此大气会通过排气口进入系统，防止负压的危害，如图 13-55 所示。

图 13-55　高点排气阀

J　管道试压

水压试验前，应多次进行初步升压试验方可将管道内的气体排尽。本工程管道运行压力按照 0.4MPa 设计，试压实验压力为 0.6MPa。管道水压试验前必须具备的条件为：

（1）水压试验前必须对管道节点、接口、支墩等及其他附属构筑物的外观进行认真检查。

（2）对管道的排气系统（排气阀）进行检查和落实。

（3）落实水源、试压设备、放水及量测设备是否准备妥当和齐全，工作状况是否良好。

（4）试压管段的所有敞口应堵严，不能有漏水现象。

（5）试压管段不得采用阀门当作试压用堵板。

试压时的要求为：

（1）管道完成后对管道进行试压验收，试压压力为工作压力的 1.5 倍。

（2）管道充水。管道试压前，向试压管道充水，充水时水自管道低端流入，并打开排气阀，当充水至排出的水流中不带气泡且水流连续时，关闭排气阀，停止充水。

（3）升压。水压试验前，应多次进行初步升压试验方可将管道内的气体排尽，当且仅当确定管道内的气体排尽后，才能进行水压试验。出现下列 3 种情况表明管道内的气体未排干净，应继续排气：1）升压时，水泵不断充水，但升压很慢；2）升压时，压力表指针摆动幅度很大且读数不稳定；3）当升压至 80%时，停止升压，打开放水阀门，水柱中有"突突"的声响并喷出许多气泡。升压时要分级升压，以 0.2MPa 为一级，每升一级检查后背、管身及接口，当确定无异常后，才能继续升压。水压试验时，后背顶撑和管道两端严禁站人。水压试验时，严禁对管身、接口进行敲打或修补缺陷，遇有缺陷时，应作出标记，卸压后才能修补。

（4）合格标准。继续升压至试验压力，在试验压力下保持 15min，保持压降小于 0.03MPa。

13.5.3　附录

13.5.3.1　企业及执行标准

（1）《不锈钢冷轧钢板和钢带》（GB/T 3280—2015）；

（2）《不锈钢热轧钢板和钢带》（GB/T 4237—2015）；

（3）《不锈钢焊条》（GB/T 983—2012）；

（4）《不锈钢和耐热钢牌号及化学成分》（GB 20878—2007）；

（5）《不锈钢内衬修复旧管道技术施工规范》（Q/PZA 03—2015）；

（6）《城镇给水管道非开挖修复更新工程技术规程》（CJJ/T 244—2016）。

13.5.3.2　主要设备表

HB 水库补调水管道内衬加固修复工程用到的主要设备见表 13-10。

表 13-10　主要机械设备表

序号	机械或设备名称	型号规格	数量	自有或租用	制造年份	额定功率/kW	性能或能力	用　途
1	氩弧焊机	400	6	自有	2017	5.5	良好	焊接
2	氩弧焊机	400	2	自有	2017	5.5	良好	备用
3	氩弧焊机	250	2	自有	2017	4	良好	备用

序号	机械或设备名称	型号规格	数量	自有或租用	制造年份	额定功率/kW	性能或能力	用途
4	卷板机		1	自有	2016	5.5	良好	卷板
5	抽风机		3	自有	2016	2	良好	通风
6	等离子切割机		1	自有	2016	12	良好	制作不锈钢弯头下料
7	打气泵	1.8m³/min	1	自有	2014	12	良好	试压
8	发电机	50kW	2	自有	2017	50	良好	断管、焊管
9	三相汽油发电机	6.5kW	1	自有	2017	6.5	良好	磨光机等
10	风速仪	便携式	2	自有	2017		良好	测管内风速
11	测氧仪	便携式	6	自有	2017		良好	管内含氧量
12	污水泵	100m³/h	2	自有	2017	7.5	良好	排污水
13	龙门吊		1	自有	2015	1.2	良好	下管专用
14	CCTV 检测系统		1	自有	2017		良好	内窥检测
15	试压泵		1	自有	2016	5.5	良好	管道试压
16	电动运输车		2	自有	2017		良好	管坯运送
17	吊车	25T	1	租用			良好	材料吊装
18	集装箱			自有	2016		良好	做现场仓库
19	照明设备		6	自有	2018		良好	施工照明
20	线盘		1300	自有	2018		良好	接电
21	涨管器	DN1400	2	自有	2016		良好	固定管胚
22	炮机	PC320	1	租用			良好	破除路面
23	路面切割机		1	自有	2017		良好	切割路面
24	叉车		1	自有	2016		良好	材料装卸
25	运输车		1	自有	2016		良好	材料倒场

13.6 管道快速柔性接头技术的应用

13.6.1 技术说明

管道快速柔性接头修复技术是一种修复、加固管道接头及管道环向裂缝的技术。装置是由一个低轮廓橡胶密封圈和一对可膨胀的不锈钢紧固环组成，橡胶密封圈被放置在管道待修复位置，接着在上面安置不锈钢环，通过液压扩张插入一个不锈钢楔支撑负载，形成一个永久性机械密封。所用材料均满足饮用水和污水净化行业标准。适用于重力管网、压力管网（小于 2MPa）。其所用的橡胶圈宽度尺寸根据修复裂缝宽度不同分为 3 种：$\phi260mm$、$\phi366mm$、$\phi500mm$，其中饮用水选用 EPDN（橡胶），而污水管道选用 NBR（橡胶）。

管道快速柔性接头技术具有以下特点：

（1）安装施工迅速、便捷；

（2）管道快速柔性接头技术安装装置的最大承压可达 2.5MPa；

（3）占地很小，仅需非常少的土方量（仅限于开挖工作井），对交通影响几乎为零；

（4）适用于因受流沙等不利地质条件影响，严重不均匀沉降而导致裂缝的修复；

（5）柔性接头具有足够的柔性来适应管道内壁变化，有效抵抗地面重车动荷载的影响；

（6）密封所用橡胶圈有良好的防渗功能，可以承受一定强度的地下水冲刷；

（7）安装位置的管道内径减少约 12mm，水头损失可忽略不计，对流量影响几乎为零；

（8）材料质量经过权威机构测试，结果表明有 50 年的使用寿命。

总体施工工艺流程如图 13-56 所示，现以长江三期 DN2400 练祁河桥管至顾泾倒虹管管道内修工程（以下简称长江三期管道内修工程）为例介绍管道快速柔性接头技术在供水管道中的应用。

13.6.2 施工要求

（1）此次对管道焊接接头主要采用管道快速柔性接头修复技术进行修复，其主要材料是橡胶密封圈和可膨胀的不锈钢紧固环（不锈钢紧固环一般尺寸不小于 80mm×6mm）。

（2）将一个橡胶密封圈放置在管道焊接接头的位置，然后在上面安置一对不锈钢环，并通过液压扩张插入一个不锈钢楔支撑负载，形成一个永久性机械密封圈。

（3）每个采用管道快速柔性接头技术修复的接头必须进行气密性试压，这

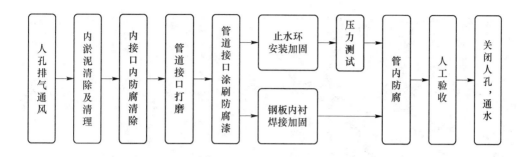

图 13-56 施工工艺总流程

是对修复质量的重要检验。试压前，先要准备微型空压机，试验压力不小于 0.05MPa，对接头充气后，把肥皂水涂抹在橡胶圈被钢环紧固的两端，看是否有明显的连续气泡产生，若没有，则表明试压合格；若试压不合格，必须对接头的橡胶涨环重新安装、试压，直至试压合格为止。

（4）本工程使用的橡胶止水带一般宽度不应小于 260mm，在特殊情况下可以特别加宽至 500mm 以上（视管道接头损坏程度而定），厚度一般不小于 6mm。橡胶止水带的技术指标须满足《给水排水管道工程施工及验收规范》（GB 50268—2019）及《食品用橡胶制品卫生标准》（GB 4806—2016）的相关要求。

13.6.3 施工工序

13.6.3.1 前期勘察

前期勘察（见图 13-57）是管道快速柔性接头修复工艺第一步，也是至关重要的一步：

（1）在管道停役后将管道内剩余水量抽取干净，安装排风系统，利用空气检测仪检测管道内空气质量达标后，派施工人员进入管道内实地勘察拟修复的管道接口并进行编号。

（2）了解管道接口实际损坏程度，对其中每一道需要修复的接头和环向裂缝进行确认，并掌握每一道接头裂缝的宽度和深度。在确认需要修复的管道接缝时，还要对接缝处的状况、腐蚀程度、污染程度、固态和松散沉积物、壁厚等进行记录，为安装前的预处理提供指导性参考。

（3）为了确保橡胶圈密封长度适合管道，管道内要进行两次内部周长测量：从上到下测量和从左到右测量。如果管道为椭圆形或方形等特殊形状，安装人员可以使用皮尺工具来测量管道的内部周长，并根据管道的内部周长，选择适宜的橡胶密封件并截取适宜的不锈钢带环。

图 13-57　原管道前期勘察工作

13.6.3.2　接口打磨

（1）勘察后，对每个接口焊缝横向 30cm 范围内的内涂层进行清理、接头除锈打磨，采用角向砂轮机对每个焊缝横向 30cm 范围内进行环向磨削处理，保证安装范围内管壁光滑、平整，如图 13-58 所示。

图 13-58　环向磨削处理工作

（2）在管道打磨内壁表面上涂一层食品级环氧树脂面漆，如图 13-59 所示。此漆可对钢管内壁起防锈、防腐保护作用，同时可以填充打磨后表面的细小空隙。在管道接缝处采用 XYPEX 赛柏斯水泥浆体进行表面平滑处理，厚度控制在 6mm。在赛柏斯水泥表面处理完成后另涂食品级环氧树脂来填补表面的细小缝隙。

图 13-59 喷涂食品级环氧树脂面漆

13.6.3.3 橡胶圈安装

（1）将环状橡胶止水密封带紧贴母管内壁，均匀摊铺橡胶圈，用钥匙上紧底部气阀口。

（2）把橡胶圈紧密地贴到接缝处，橡胶圈竖向中心与裂缝中心（管道接缝中心）对齐，安装人员需要确保密封区域位于已涂刷环氧树脂漆的光滑表面上，如图 13 60 所示。

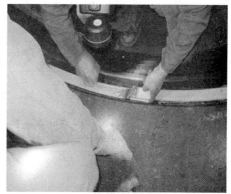

图 13-60 橡胶圈紧密地贴到接缝处

13.6.3.4　钢带环安装

（1）作业人员将一个尺寸适宜的不锈钢带环放入橡胶圈凹槽位置处并在环底放置块钢片作为垫片，然后逐渐撑开钢环，直到环底部两接口并拢在垫片上。

（2）将安装在液压扩张机上的安全顶撑放在 6 点和 12 点的位置，通过不断绞紧顶撑的螺旋杆，保证液压扩张机安置牢固。

（3）使用扩展工具，安装人员将钢制环以液压方式扩展到橡胶中钢带所需要放置的凹槽位置。此后，安装人员继续扩展不锈钢带环。

（4）为了加快钢带环自然到位过程，用尼龙工具锤轻微敲击不锈钢带环，调整位置，使其位于橡胶圈槽内。通过振动使密封环上的压力均匀，以提高密封的整体性能和配合度，同时确保工具锤不碰到橡胶部件。

（5）在敲击过程中，安装人员需不断配合加压，并通过液压扩张机上的液压表读数判断橡胶圈安装的紧密性。一旦发现压力开始下降，安装人员需进一步扩大敲击范围，直到保持压力不降，以此类推。

请按照表 13-11 中的数值以遵循正确的操作程序，注意这些是所需的最小压力值。

表 13-11　管道宽度所对应的压力

管道的宽度/mm	压力的应用（Bar）
DN800	300
DN1000	330
DN1200	340
DN1400	350
DN1600	360
DN1800	380
DN2000	400
DN2200	420
DN2400	430
DN2600	450
>DN2600	450

（6）钢带环在液压扩张器的恒定作用下保持打开，固定在适当位置用不锈

钢楔块卡紧。当楔块在钢带环的端部之间固定好后，就可以移除扩张器工具。安装人员需要尽可能选择接近间隙尺寸的不锈钢楔块，楔块应两条边缘锐化，方便楔块更好地打入间隙，使打入过程更加顺畅。当楔块放入不锈钢环中，安装人员用工具锤轻击楔块，将其准确楔入钢带环中形成一个完整封闭环，如图 13-61 所示。

图 13-61 楔块放入不锈钢环形成封闭环

13.6.3.5 气密性实验

（1）试压是对安装质量的重要检验，试压工具为 $0.6m^3$ 储气式空压机。

（2）试压时，先旋开橡胶圈面上的气阀口，把便携式气罐的出气孔连接到气阀开始充气，工作压力维持在 0.05MPa。

（3）充气后，要开始检漏，把肥皂水涂抹在橡胶圈被钢环紧固的两端，看是否有明显的连续气泡产生，持续 3min，如无气泡产生则试压合格；如有气泡产生，则需要对钢带环和橡胶密封圈重新安装、调试，直至试压合格为止。

（4）最后放气，用钥匙旋紧橡胶圈面上的气阀，试压结束。如果试压合格，则进入下一道工序，若试压不合格，必须对接头的橡胶涨环重新安装、试压，直至试压合格为止，如图 13-62 所示。

13.6.3.6 清扫、封闭、冲洗

（1）当修复区域全部安装完毕，气密性试验检测合格之后，对整段管道修复处进行内防腐修补、人工清扫、清井、加装出入检修口的盖板等操作，完成施工，修复后内壁效果如图 13-63 所示。

（2）原水管道需配合业主，对管道进行冲洗工作，管道水冲洗的流速不应低于 1.5m/s，冲洗压力不得超过管道的设计压力。

图 13-62　试压工作现场图

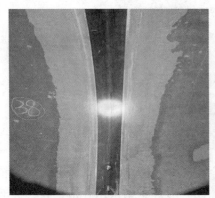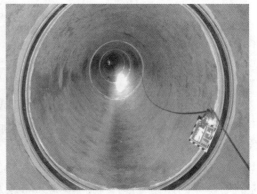

图 13-63　修复后管内壁效果

13.7　管道喷涂内衬技术的应用

13.7.1　技术说明

　　内壁喷涂修复工艺是一种常见的管道非开挖修复方法，利用空气动力学原理将涂料均匀地涂敷在待修复管壁上，从而形成一层光滑的内衬保护涂层。与传统给水管道开挖修复工艺相比，非开挖修复方法不仅能够解决管道腐蚀和水垢问题，提高管道输水能力和供水水质，延长管道使用寿命，而且能在很大程度上缩短施工周期，减小对路面设施和周边环境的影响和破坏。

施工工艺流程可概括为以下 4 点：

（1）根据该地段管道走向和现场情况，自西向东分段进行清洗内涂敷施工，在每段管道清洗施工时尽量做到不扰民，完成一段路面及工作基坑后，及时清空一段路面施工设施。

（2）工作基坑及施工机械必须用防护栏围边。注意施工安全及路人行走方便。

（3）随时检查管道，保证用水。

（4）每段管道完工后，即刻复原管道施工时开挖的路面和绿化。

现以 S 市奉金路 DN150、DN200、DN300 非开挖给水管道修复工程为例介绍喷涂衬里管道技术在供水管道改造更新工程中的应用。

13.7.2 工程概况

13.7.2.1 工程项目概况

供水管网非开挖原位修复技术示范工程是对奉金路上的 DN150、DN200、DN300 给水管道进行内清洗并喷涂防腐涂料施工。工程时间约 65 个工作日（实际施工天数约 90 天）。

奉金路上的 DN150、DN200、DN300 给水管道位于奉贤区南桥镇区环城东路北，奉金路北端及南端沿路绿化带和慢车道下，属于沿路供水总管道，由于此管道主要供应道路两边工厂企业用水，因此此次全工程作业对周边用水影响有限，不会给周边用水单位造成用水不便（通断水可以晚上时间进行）。

全工程按照管道口径分段进行开挖作业基坑和清洗作业。基坑开挖断面积：$\phi 300mm$ 口径管道每个 $1.5m \times 2.5m$，$\phi 200mm$ 口径管道每个 $1.5m \times 2m$，$\phi 150mm$ 口径管道每个 $1.5m \times 2m$，按施工需要临时关闭相关阀门。待修复管道为球墨铸铁管，其中 DN150 管道 1580m，DN200 管道 1700m，DN300 管道 180m，总计 3460m。

图 13-64 为修复管道位置示意图。

13.7.2.2 施工要求

（1）根据该工程的清洗要求，所有清洗材料不得含有化学试剂成分，本工程 200mm 及以下管道采用高压喷砂作业，300mm 管道选用钢丝拉耙和钢丝刷作为工程清洗工具。

（2）根据该工程的清洗要求，本工程选用 S 市麦艳化工有限公司生产的麦艳牌 BZ-682 型涉水设备内壁涂料。麦艳牌 BZ-682 型涉水设备内壁涂料符合国家卫生标准（2006）《生活饮用水卫生检验规范》，符合国家卫生标准（2001）《生活饮用水输配水设备及防护材料安全性评价规范》，符合国家标准《食品包装用聚苯

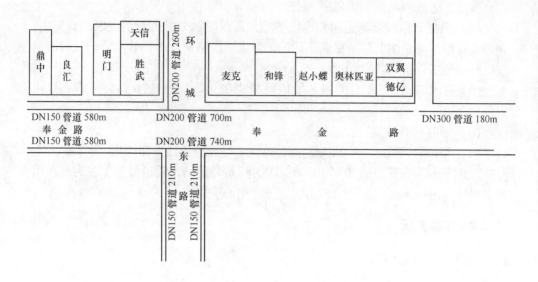

图 13-64　修复管道位置示意图

乙烯成型品卫生标准》（GB 9689—1988）且为制标产品。

（3）材料质量要求：

1）所用涉水设备内壁涂料等均必须有出厂合格证；

2）进入施工现场的各种材料包装物（容器）表面应有明显的标志，标明材料的名称、生产厂名、生产日期和产品有效期；

3）所用涉水设备内壁涂料等储运和保管环境温度不宜低于 5℃ 并不得曝晒、碰撞和渗漏，贮存环境应干燥、通风，保持包装完好无损。

13.7.2.3　施工工序

由 S 市自来水公司与 S 市管道清洗有限公司工程部经理、施工小组负责人一道制订周密的计划，安排编制进度表，严格按进度施工。各施工组严格按照施工计划施工，不得以任何借口延误工期，也不得以超赶工期为名不注重质量和施工安全。

工艺改进在保证质量的基础上尽可能地提高工效缩短工期。

A　施工程序

按照给水管网进水走向，自西向东进行施工。

B　施工准备工作

a　技术准备

清洗工程施工前，组织作业小组学习管道走向图纸；了触现场各个管道走向位置；熟悉现场路面构造、细部阀门节点要求；了解技术质量要求和施工工艺规定；进行操作技术交底，未经交底不得进行施工操作。

b 材料准备

所有清洗材料、机械必须经过检查筛选，按各工作部位安放。

c 机具准备

工程施工需要的主要机具需用量计划见表 13-12。

表 13-12 机具设备仪表清单

序号	设备名称	规格或型号	单位	数量	备 注
1	施工用内燃空压机	$18m^3/min$	台	1	
2	施工用内燃空压机	$6.5m^3/min$	台	2	
3	清洗用储气罐	$9m^3$	台	1	
4	清洗用储气罐	$6m^3$	台	1	
5	管道清洗器械	300mm	套	2	
6	卷扬机	15kW	套	2	
7	管道内清洗器	200mm	套	1	
8	管道内清洗器	150mm	套	1	
9	管道内清洗器	100mm	套	1	
10	管道内热烘干机	200mm	台	1	
11	管道离心喷涂机	300mm	套	1	
12	管道离心喷涂机	150~200mm	套	1	
13	清洗用管道	100~200mm	m		按照现场需求
14	工程用发电机	20kW	台	1	
15	清洗污物收集器		套	1	
16	施工工程车辆	5t	辆	1	
17	临时用水管道	$\phi100$	m		按照现场需求
18	其他机械				按照现场需求调配

d　施工机械安放

施工主要机器设备安放在慢车道旁指定位置，其他施工器械安放在甲方指定场所，按施工要求使用。

e　施工条件准备

（1）施工现场沿街交通要道布置，因此施工环境受到限制。施工时间为上午8:00至下午5:00，尽量不影响车辆和行人通行，断水和连通时间定于晚上9:00以后。

（2）每日清洗工程结束后必须进行路面清扫、安置围栏，施工各清洗管道必须移除、安放在指定位置。

（3）管道清洗专用空压机和施工机械安放在指定位置。

C　给水管道施工方法

a　开挖工作井（按管道口径要求），关闭管道各阀门，断开各阀门接口，断开管网，按照要求接通各临时管道、临时排水、排污管道，排干管道剩水，使用管道内窥镜（CCTV）检查并录像；

b　连接管道清洗设备，按照作业要求进行施工；

c　清洗：按计划接通各管道接口，接入清洗器械进行管道清洗，通气干燥，检查清洗质量（使用管道内窥镜CCTV检查并录像）；

d　烘干：接入烘干机，对管道进行烘干作业；

e　内涂敷：使用管道离心喷涂机进行内涂敷操作；

f　固化：通入热空气固化涂料；

g　恢复管道：检查管道内壁涂敷层（使用管道内窥镜CCTV检查并录像），连接各段管道接口，通水检测。

13.7.2.4　修复效果对比

A　整体完成情况

S市奉金路非开挖原位修复示范工程修复管道为球墨铸铁管，其中包括DN150管道1580m、DN200管道1700m和DN300管道180m，总计3460m。达到考核指标的要求。

B　CCTV检测情况

本次检测范围为南桥环城东路，奉金路给水管道，包括45个工作井，给水管道全程为铸铁给水管道。分段进行检测，检测结果如下。

a　给水管道未清洗前

表13-13～表13-15为给水管道未清洗前的情况。

表 13-13　给水管道 **DN300** 未清洗前 **CCTV** 画面

管道材质	铸铁管	
管径	DN300	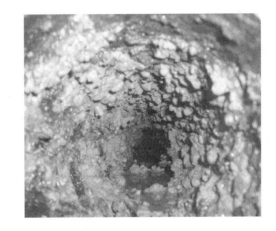
管道长度	180m	
结论：严重结垢		

表 13-14　给水管道 **DN200** 未清洗前 **CCTV** 画面

管道材质	铸铁管	
管径	DN200	
管道长度	1580m	
结论：严重结垢		

表 13-15   给水管道 **DN150** 未清洗前 **CCTV** 画面

管道材质	铸铁管	
管径	DN150	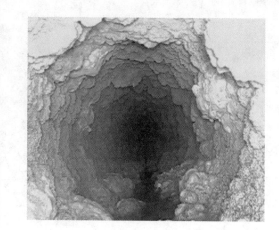
管道长度	1700m	
结论：严重结垢		

b   给水管道清洗后

表 13-16 ~ 表 13-18 为给水管道清洗后的情况。

表 13-16   给水管道 **DN300** 清洗后 **CCTV** 画面

管道材质	铸铁管	
管径	DN300	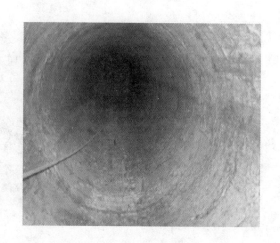
管道长度	180m	
结论：结垢已完全去除		

表 13-17 给水管道 DN200 清洗后 CCTV 画面

管道材质	铸铁管	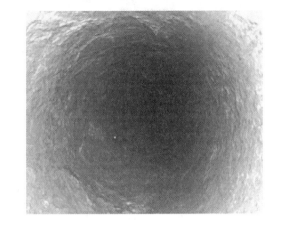
管径	DN200	
管道长度	1700m	
结论：结垢已完全去除		

表 13-18 给水管道 DN150 清洗后 CCTV 画面

管道材质	铸铁管	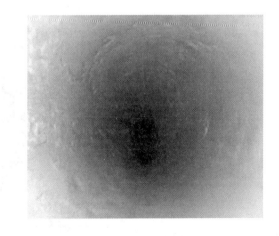
管径	DN150	
管道长度	1580m	
结论：结垢已完全去除		

c　给水管道清洗涂覆后

表 13-19 ~ 表 13-21 为给水管道清洗涂覆后的情况。

表 13-19　给水管道 DN300 涂敷后 CCTV 画面

管道材质	铸铁管	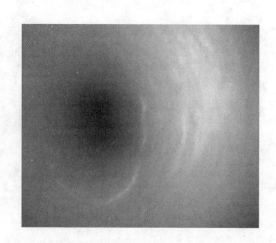
管径	DN300	
管道长度	180m	
结论：涂覆层完好		

表 13-20　给水管道 DN200 涂敷后 CCTV 画面

管道材质	铸铁管	
管径	DN200	
管道长度	1700m	
结论：涂覆层完好		

表 13-21　给水管道 DN150 涂敷后 CCTV 画面

管道材质	铸铁管	
管径	DN150	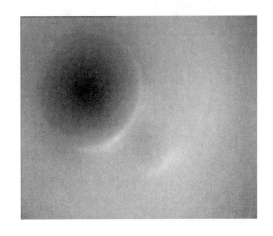
管道长度	1580m	
	结论：涂覆层完好	

南桥环城东路，奉金路给水管道通过 CCTV 检测发现经过管道内清洗及内涂覆已完全去除管内结垢，恢复原管道通水内径，符合原管道设计和通水要求。

C　水质改善情况

运行 6 个月后的水质检测结果如图 13-65～图 13-70 所示。

　　　　　　　检测报告

分析指标	方法	单位	报告限	限值	实验室编号 15-07394.001 样品名称 2015-08-18 样品性状 水样 样品描述 上游（东）	15-07394.002 2015-08-18 水样 下游（西）
浑浊度	GB/T 5750.4	NTU	0.5	≤1	<0.5	<0.5
一氯胺（总氯）	GB/T 5750.11	mg/L	0.01	≤3	1.10	0.24
总大肠菌群	GB/T 5750.12	CFU/100mL	1	不得检出	ND	ND
菌落总数	GB/T 5750.12	CFU/mL	1	≤100	ND	ND

图 13-65　2015 年 8 月份修复管道水质检测结果（运行 1 个月）

检测报告

分析指标	方法	单位	报告限	限值	实验室编号 15-07395.001 样品名称 2015-09-21 样品性状 水样 样品描述 上游(东)	15-07395.002 2015-09-21 水样 下游(西)
浑浊度	GB/T 5750.4	NTU	0.5	≤1	<0.5	<0.5
一氯胺(总氯)	GB/T 5750.11	mg/L	0.01	≤3	1.00	0.21
总大肠菌群	GB/T 5750.12	CFU/100mL	1	不得检出	ND	ND
菌落总数	GB/T 5750.12	CFU/mL	1	≤100	ND	ND

图 13-66　2015 年 9 月份修复管道水质检测结果（运行 2 个月）

SGS　　　　**检测报告**

分析指标	方法	单位	报告限	限值	实验室编号 15-07396.001 样品名称 2015-10-16 样品性状 水样 样品描述 上游(东)	15-07396.002 2015-10-16 水样 下游(西)
浑浊度	GB/T 5750.4	NTU	0.5	≤1	<0.5	<0.5
一氯胺(总氯)	GB/T 5750.11	mg/L	0.01	≤3	1.20	0.23
总大肠菌群	GB/T 5750.12	CFU/100mL	1	不得检出	ND	ND
菌落总数	GB/T 5750.12	CFU/mL	1	≤100	ND	ND

图 13-67　2015 年 10 月份修复管道水质检测结果（运行 3 个月）

SGS　　　　**检测报告**

分析指标	方法	单位	报告限	限值	实验室编号 15-07397.001 样品名称 2015-11-27 样品性状 水样 样品描述 上游(东)	15-07397.002 2015-11-27 水样 下游(西)
浑浊度	GB/T 5750.4	NTU	0.5	≤1	<0.5	<0.5
一氯胺(总氯)	GB/T 5750.11	mg/L	0.01	≤3	1.00	0.22
总大肠菌群	GB/T 5750.12	CFU/100mL	1	不得检出	ND	ND
菌落总数	GB/T 5750.12	CFU/mL	1	≤100	ND	ND

图 13-68　2015 年 11 月份修复管道水质检测结果（运行 4 个月）

检测报告

					实验室编号 样品名称 样品性状 样品描述	15-07398.001 2015-12-23 水样 上游（东）	15-07398.002 2015-12-23 水样 下游（西）
分析指标	方法	单位	报告限	限值			
浑浊度	GB/T 5750.4	NTU	0.5	≤1		<0.5	<0.5
一氯胺（总氯）	GB/T 5750.11	mg/L	0.01	≤3		1.10	0.21
总大肠菌群	GB/T 5750.12	CFU/100mL	1	不得检出		ND	ND
菌落总数	GB/T 5750.12	CFU/mL	1	≤100		ND	2

图 13-69　2015 年 12 月份修复管道水质检测结果（运行 5 个月）

检测报告

					实验室编号 样品名称 样品性状 样品描述	16-00457.001 2016-01-27 水样 上游（东）	16-00457.002 2016-01-27 水样 下游（西）
分析指标	方法	单位	报告限	限值			
浑浊度	GB/T 5750.4	NTU	0.5	≤1		<0.5	<0.5
一氯胺（总氯）	GB/T 5750.11	mg/L	0.01	≤3		0.44	0.18
总大肠菌群	GB/T 5750.12	CFU/100mL	1	不得检出		ND	ND
菌落总数	GB/T 5750.12	CFU/mL	1	≤100		ND	ND

图 13-70　2016 年 1 月份修复管道水质检测结果（运行 6 个月）

13.8　施工组织设计

以 S 市远东路 DN300 给水管道修复工程为例，下面详细介绍采用喷涂法的施工组织设计流程。

13.8.1　工程概况

S 市远东路 DN300 给水管道因使用年限较长，管道损旧，为减少绿化带的开挖面积，探索更加高效的管道修复技术，拟在远东路（狄家港桥—远东路 668 号）采用给水管道内壁喷涂修复工艺，其施工平面图如图 13-71 所示。

施工单位根据管道非开挖设计的主要工程量和现场勘察情况确定施工内容和施工流程。其中的主要工程量包括：临管敷设、修复段断水、开梯、加装阀门、拆除阀门、沿线改接、开挖工作坑、清管、喷管、沿线改接复原和拆除临时管道等。现场所勘察的内容主要为：原 DN300 给水管在路西绿化带中，2 个工作坑将

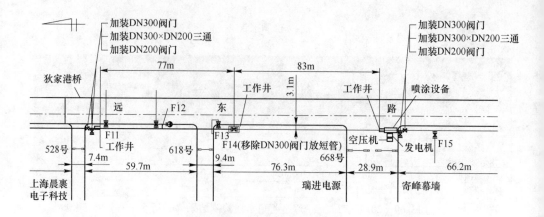

图 13-71　远东路施工平面图

占用绿化带，设备处工作坑占用远东路 668 号出口，长度暂定为 3m。

13.8.2　施工方案

13.8.2.1　施工工艺流程

施工工艺流程如图 13-72 所示。

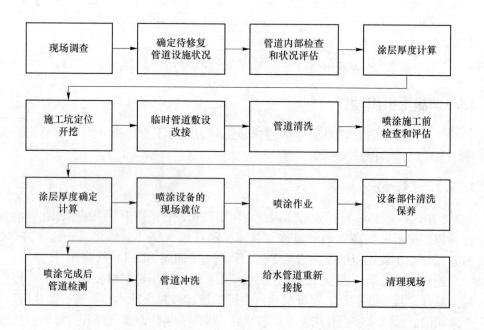

图 13-72　施工工艺流程

13.8.2.2 施工内容

施工内容见表 13-22。

表 13-22 施工内容说明

序号	施工步骤	施 工 内 容	时间/d
1	技术、管线交底、开挖样洞	电力、燃气、民用通信、军用通信等单位来现场交底并当天开始开挖样洞，根据样洞情况确定喷涂坑、接收坑位置	1
2	测量放样，临管排设	在绿化带中排设 DN200 临管，根据供水管理所的交底，预留阀门、三通等	1
3	开挖工作坑	在远东路狄家港桥南、远东路 668 号和远东路 618 号各开 1 个 1.5m×3m 的操作坑	1
4	原 DN300 断水开梯，加装三通、阀门，拆除直路阀门	在远东路狄家港桥南、远东路 668 号加装 DN300 直路阀门和 DN300×200 的三通以及 DN200 三通阀门 1 只。拆除远东路 618 号原 DN300 直路阀门并连接 DN300 管道	1
5	临管接拢、冲水消毒	—	1
6	改接	对沿线的用户进行改接	1
7	CCTV 检测	用 CCTV 检测设备对管道进行检测观察	1
8	抓耙、拉耙、海绵头清管	在远东路狄家港桥南、远东路 668 号操作坑内将 DN300 管截断 2.0m，在远东路狄家港桥南、远乐路 668 号安装卷扬机，钢丝绳穿越 DN300 管到达接收坑，在接收坑内依次接上抓耙、拉耙、海绵头等清管设备，反复拖拉清管（清除管道内的水垢、水泥砂浆内衬，至管内壁露见金属表面）	3
9	CCTV 检测	用 CCTV 检测设备对清理后的管道进行检测观察	1
10	喷管	第一段：在远东路 668 号设喷涂机、空压机等，将导管穿越 DN300 管到达远东路狄家港桥南接收坑，在接收坑内接上喷头，回拖喷管至远东路 618 号； 第二段：在远东路 668 号设喷涂机、空压机等，将导管穿越 DN300 管到达远东路 618 号接收坑，在接收坑内接上喷头，回拖喷管至远东路 668 号	2
11	CCTV 检测	用 CCTV 检测设备对喷涂后的管道进行检测观察	1
12	DN300 连接	将第一段和第二段连接	

序号	施工步骤	施　工　内　容	时间/d
13	接拢、冲洗消毒、接拢		1
14	改接	对沿线用户进行改接	1
15	拆临管完工	拆除 DN200 临管	1

共计 18 天

为尽快恢复交通，并使上水管发挥其社会效益和经济效益，我公司将对以上施工内容进行交叉施工，喷涂工期在 18 天内完成。

13.8.3　施工组织

本工程人员、设备配备情况如下。

（1）项经部人员组织。施工项目现场配备项目经理、技术负责人、施工员、安全员、质量员和文明施工人员各 1 名。

（2）劳动力人员组织。现场配备队长 1 名、技工 4 名、辅助工 4 名、电工 1 名、焊工 2 名以及机具驾驶员 4 名。

（3）主要机械表。施工所用到的主要设备见表 13-23。

表 13-23　主要设备说明

名　称	规　格	数　量	备　注
喷管设备	200m	1 套	
起重机	12T	1 辆	
空气压缩机	8.3kg/10m³	1 台	
挖掘机		1 台	
发电机	40kV·A 等	1 台	美制
发电机	30kW 等	1 台	国标
卷扬机	10T	1 台	

名 称	规 格	数 量	备 注
卷扬机	5T	1台	
潜水泵	1kW	4台	
CCTV		1台	
现场机动车		1辆	
鼓风机		1台	
卡车	2T	1辆	

13.8.4 施工技术措施

（1）地下资料保护措施。管线单位交底时，工程技术负责人、施工员和施工队长必须到场，认真倾听，仔细记录，并绘制出地下管线分布的详细草图。施工前必须详尽且不厌其烦地进行交底。

施工前，先认真开挖样洞，把地下资料的高低、走向详细摸清楚，采取砌基础，捆拉固定等一切安全防范措施。排管线路上碰到电杆时，一定要采取切实可靠的加固措施，杜绝倾斜、移位、倒塌。碰到树木时，千万不能随意砍伐或移动，而应及时与园林绿化管理部门联系，请他们到现场查看并组织搬迁。当碰到不明地下资料时，不能盲目施工，而应暂停施工，邀请兄弟管线单位前来查看，待搞清楚后方能恢复施工。

（2）冲洗消毒技术措施。冲洗水源：远东路DN300供水管道排水口：狄家港河。

提交冲洗消毒专题方案、申请单到报建设单位、供水管理所等有关部门，经同意后方可进行，并由公司各职能科室成立指挥部统一指挥，进行冲洗。冲洗前应设置危险警告标志，必须考虑地表人员和附近构造物的安全以及保证通行。冲洗操作阀门时，应得到有关供水管理单位和排水管理单位同意后方可操作，未通水并网的新排管道阀门可由施工单位操作，禁止施工单位操作原有管网的阀门。

第一阶段冲洗完成，水样浊度指标应不高于0.8NTU，或与冲洗水浊度相同，方可消毒。

（3）施工质量保障措施。严格按《中华人民共和国建筑法》、《上海市建筑工程管理条例》实施工程全过程管理和验收。严格按国家现行各专业工程施工技术和验收规定进行验收。工程质量必须符合施工图设计所列明的各项技术要求。工程质量达到优良，接受建设单位及上级领导的质量监督和验收，竣工后负责保修 2 年。

本工程质量控制重点：喷管前要清除管内的水垢、垃圾杂物，喷管端口要安放管帽，防止小动物和污物流入管内。厚度控制：喷车的移动要匀速，在喷涂前用 CCTV 先拍摄一次，以保证管道内喷车行进的稳定性不受杂物影响。

加强材料的质量管理，按建设单位提供的材料供应商（生产商）范围采购，凡用于本工程的管材、闸门、涂料等必须要持有合格证、质保书，排管施工前要认真检查，不合格者严禁使用，阀门入沟前要请有关部门进行校验后方可安装。

建立项目经理部、队、班组三级质量管理部门和质量管理员，如图 13-73 所示。

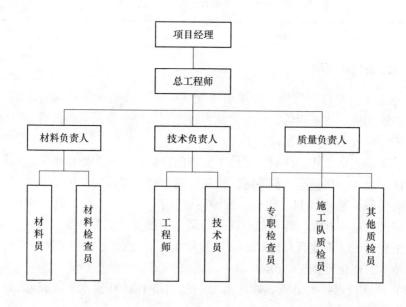

图 13-73　部门人员内部组织

（4）施工交通安全措施。施工期间委派专业安全人员维持远东路 668 号处的交通秩序。

护栏维护施工区域，夜间设置警示灯。各工种与各工序都必须严格执行各自的安全操作规范，施工人员上岗应穿统一工作服，戴安全帽，佩戴胸卡。为确保地下管线安全，要进行地下管线交底，办好各种手续，做好各类地下管线的保护工作。在施工路段两头要设置施工铭牌，施工沿线要安放安全路栏，并要做好施工周围建、构筑物的保护工作。

余土处理是文明施工的关键，不应乱堆乱放，工程竣工后要做到工完、料尽、场地清;施工材料要集中堆放,加强管理,防止遗失,被盗;加强安全生产管理,在现场设置专职安全员,定期对职工进行安全教育,施工中发现有违反安全操作规程的现象,应立即制止;必须做到安全生产,认真执行各项安全规范,健全三级安全责任制,工地要实行标准化管理。必须服从质监、市政、环卫、卫生、交通等政府部门的监督,必须认真做好排污工作,搞好工程环境卫生。

为保证远东路交通秩序,施工完毕覆盖钢板;临管过街、厂、校、弄等门口应埋入地面,须事先通知用户,以便做好准备,施工时要求半封闭施工,保证车辆及行人通行。

(5)文明施工措施。健全机构,成立现场文明施工管理小组,在决策层、管理层、作业层都配备相应的文明施工管理人员。进场前及施工中,坚持对全体职工开展精神文明教育,职工要树立"爱岗敬业,热爱集体,珍惜企业荣誉"的良好风尚。各路段挂牌作业,干部职工配胸证上岗,服装统一,紧张有序。

职工宿舍要干净整洁,设施齐全,定期进行防疫消毒。

生活、施工区临时水电规划合理,垃圾定点堆放,及时清理。施工土堆及泥浆要严格管理,堆运有序,不影响周围环境。施工的同时尽可能地为居民提供便利,为民着想、为民造福。

附录 结构衬砌设计问题

1.1 内衬技术的结构分类

用于修复饮用水管道的内衬系统可以根据它们在承受内部压力载荷时对内衬管道性能的影响分为四类。

1.1.1 Ⅰ级内衬

Ⅰ级内衬本质上是非结构系统，主要用于保护主管的内表面免受腐蚀。它们对主管的结构性能没有影响，主要用来桥接管道中所有不连续处，例如腐蚀孔或接合间隙。常使用在遭受内部腐蚀或结节但仍处于结构良好状态的管道中，可以减少当前或以后的泄漏问题。因此，这种内衬对泄漏的影响很小。Ⅰ级内衬是水泥砂浆内衬，而环氧树脂内衬是Ⅱ级内衬。

1.1.2 Ⅱ级和Ⅲ级内衬

Ⅱ级和Ⅲ级内衬是互动和半结构系统。安装时，内衬与主管紧密配合，当内部工作压力使衬管膨胀时，任何剩余的环空都会迅速消除。由于这种内衬的刚度小于主管的刚度，所有内部压力负荷都被传递到主管。这种内衬仅需要独立地承受主管中不连续处或者发生结构故障处的内部压力负载，例如腐蚀孔或接合间隙。

如果衬管的内部爆破强度（独立于主管道进行测试）长期（50年）低于要修复管道的最大允许工作压力（MAOP为1034kPa），则认为衬管属于Ⅱ级或Ⅲ级。预计这种衬管不会在主管的爆裂故障中存在，因此不能将其视为替换管道。然而，Ⅱ级和Ⅲ级内衬设计可用于长期桥接主管中的孔和间隙，并且系统可以根据它们在给定MAOP处桥接的孔的大小和间隙进一步分类。其中一些系统甚至能够桥接高达15cm的孔和间隙。

将这些跨越孔和间隙的系统分成两类是基于它们对外部屈曲力的固有抵抗力以及对主管壁黏附的附着力。Ⅱ级系统具有最小的固有环刚度，并完全取决于与管壁的黏附，以防止管道减压时坍塌。Ⅲ级内衬具有足够的固有环刚度，以在减压时可以自行支撑而不依赖于对管壁的黏附。

Ⅲ级内衬也可以设计成抵抗规定的外部静水压力或真空负荷。

如果主管道遇到以下一种或多种情况，可能会使用Ⅱ级或Ⅲ级内衬：

（1）严重的内部腐蚀导致针孔和泄漏；

（2）接头故障；

（3）局部外部腐蚀导致针孔和泄漏。

虽然内衬不会阻止进一步的外部腐蚀，但它可以防止腐蚀孔泄漏，也可以防止管道外部泄漏的相关影响。

1.1.3 Ⅳ级内衬

Ⅳ级内衬称为完全结构或结构独立，具有以下特征：

（1）当独立于主管道进行测试时，内部爆破强度长期（50年）等于或大于要修复的管道的 MAOP。

（2）能够承受任何动态载荷或与内部压力载荷导致的主管突然失效或产生相关的其他短期影响。

Ⅳ级内衬有时被认为等同于替换管，尽管这种内衬的设计可能不符合与原始管相同的外部屈曲或纵向/弯曲强度要求，但有时Ⅳ级内衬可以在类似于Ⅱ级和Ⅲ级的情况下使用。有的内衬具有较小的内径，更适用于遭受普遍外部腐蚀的主管，特别是在主管已经纵向开裂时。

一些可用的翻新技术可以同时达到Ⅱ级和Ⅲ级以及Ⅳ级内衬结构，而特定的内衬系统可以被评定为Ⅳ级。

1.2 其他设计考虑因素

除了内部压力负载之外，还可能需要内衬在主管减压期间承受外部屈曲载荷，以及瞬态真空负载。一些系统（类别Ⅲ和Ⅳ）设计可以为这种外部负载提供固有内阻力，而其他系统（类别Ⅱ）仅依赖于对主管壁的附着力。对外部屈曲的固有抵抗力通常随着内衬厚度的增加而增加。因此，应注意确保准确定义此类性能要求。

内衬管的水力性能将由内衬的厚度、其与主管的配合紧密度以及其内部平滑度（C 值）确定。进行内衬过程通常先进行大量清洁工作，然后自行恢复管道的原始流动横截面。塑料内衬的材料明显比被修复的主管的内表面更光滑，甚至可以比原始管更光滑。通常，标准尺寸比为26或更大时紧密贴合塑料内衬系统可以保持管的原始流动能力。

参 考 文 献

[1] American Water Works Association. M28 Rehabilitation of Water Mains ［M］. 3rd ed. Denver：AWWA，2014.

[2] CJJ/T 244—2016，城镇给水管道非开挖修复更新工程技术规程 ［S］. 北京：中国建筑工业出版社，2016.

[3] 舒诗湖，郑小明，戚雷强，等. 供水管网水质安全多级保障与漏损控制技术研究与示范 ［J］. 中国给排水，2017，33（06）：43～46.

[4] 郑小明，戚雷强，舒诗湖. 多级加氯消毒与鱼骨式多级水平衡分析及管道非开挖修复技术 ［J］. 净水技术，2017，36（02）：1～4.

[5] 舒诗湖. 供水管道功能性修复概念的提出与探讨 ［J］. 建设科技，2013（15）：72～73.

[6] 郑小明，李长俊，舒诗湖，等. 给水管道薄壁不锈钢内衬层耐负压试验研究 ［J］. 中国给排水，2015，31（23）：59～63.